Roger Nordmann

Atom- und erdölfrei in die Zukunft

Roger Nordmann

Atom- und erdölfrei in die Zukunft

Konkrete Projekte für die energiepolitische Wende

Aus dem Französischen übersetzt
von Gerhard Tubandt

orell füssli Verlag AG

Die Übersetzung aus dem Französischen wurde dank Beiträgen von folgenden Firmen ermöglicht (in alphabetischer Reihenfolge): Ernst Schweizer AG Metallbau, Megasol Energie AG, Migros, Swisswinds Development GmbH und TNC Consulting AG. Vielen Dank!

Hinweis im Zusammenhang mit der Atomkatastrophe in Japan: Die französische Ausgabe dieses atomkritischen Buches kam im Oktober 2010, also Monate vor der Atomkatastrophe in Japan vom 11. März 2011, heraus. Bei der vorliegenden Übersetzung wurden bezüglich Atom- und Strompolitik keine Textanpassungen vorgenommen. In anderen Bereichen wurden lediglich einzelne Zahlen oder Infos zu parlamentarischen Entscheiden aktualisiert.

Übersetzung: Gerhard Tubandt
Umschlagabbildung: © plainpicture / Thomas Eigel
Umschlaggestaltung: Andreas Zollinger, Zürich
Druck: fgb • freiburger graphische betriebe, Freiburg

ISBN: 978-3-280-05437-6

Bibliografische Information der Deutschen Nationalbibliothek: Die Deutsche Nationalbibliothek verzeichnet diese Publikation in der Deutschen Nationalbibliografie; detaillierte bibliografische Daten sind im Internet über http://dnb.d-nb.de abrufbar.

Meinen Kindern Jean und Edith,
die das 21. Jahrhundert durchqueren werden.

Dank an
Caroline Beglinger
Gallus Cadonau
François Cherix
Isabelle Chevalley
Jeanine Dubosson Barbey
Florence Germond
Jacques-Edouard Germond
Rosemarie Germond
Beat Jans
Matthieu Leimgruber
Benjamin Leroy-Beaulieu
Jacques Neirynck
Philippe Nordmann
Ursula Nordmann-Zimmermann
Eric Nussbaumer
Bertrand Piccard
Martine Rebetez
Ruedi Rechsteiner
Jack Steinberger
David Stickelberger
Doris Stump
Ursula Wyss

Inhaltsverzeichnis

Vorwort 11

Einleitung 15

1   Das Versiegen der fossilen Vorräte 19
Die Theorie des Peak Oil 20
Die aktuelle Situation 23
Der Zeithorizont für das Versiegen des Erdöls 26
Und die übrigen fossilen Energien? 32
Die wirtschaftlichen und sozialen Folgen eines
    Preisanstiegs der fossilen Energien 34

2   Die Klimaerwärmung 39
Gestern und heute 41
Die Prognosen des IPCC 45
Die Auswirkungen der Klimaerwärmung auf die Menschen 50

3   Kernkraft – eine schwerwiegende Hypothek 53
Das Risiko einer radioaktiven Verschmutzung 55
Die Folgen eines drastischen Ausbaus der Kernenergie . . . 61
Eine gravierende Verschmutzung durch eine
    andere ersetzen? 66

4   Die Notwendigkeit zu handeln **69**
Was unternommen werden muss 75
Wo etwas unternommen werden muss 77
Ein globaler politischer Rahmen ist notwendig 79

**5   Der technologische Fortschritt bei den erneuerbaren
Energien** **83**
Effizienz ist unumgänglich 87
Der Höhenflug der Windenergie 92
Der Boom der Fotovoltaik 95
Stromerzeugung durch Sonnenwärmekraftwerke 101
Strom aus Biomasse, Wellen, Gezeiten und Geothermie . 103
Das Projekt Supergrid 104
Am Anfang stand ein Beschluss Deutschlands 107

**6   Der Energieverbrauch und die CO_2-Emissionen
in der Schweiz** **111**
Der Ursprung der CO_2-Emissionen in der Schweiz   . . . 112
Elektrizität: Die dritte grosse Herausforderung 116
Eine erste Etappe bis 2030 118

7   Projekt 1: Eine intelligente Mobilität **123**
Erste Handlungsebene: Den Verkehr zügeln 125
Zweite Handlungsebene: Der Wechsel auf umwelt-
schonendere Verkehrsmittel 129
Dritte Handlungsebene: Der technische Fortschritt   . . . 136
Die Schweiz als Vorreiterin einer intelligenten
Mobilität 142

8   Projekt 2: Energieeffiziente Häuser **147**
Neue Häuser hochgradig energieeffizient bauen 151
Alte Häuser sanieren 154
Welche Energie für renovierte Häuser? 160

Die politischen Anstrengungen 164
Sämtliche Gebäude sanieren 168

9 Projekt 3: Nur noch Strom aus erneuerbaren Energien 173
Das grosse Potenzial der Energieeffizienz 177
Erneuerbare Energien: Das Potenzial in der Schweiz . . . 180
Die Sicherheit und Zuverlässigkeit der nachhaltigen
    Stromproduktion 190
Einige Hinweise zu den Kosten 197
Die elektrische Revolution 201

Schlusswort: Das allgemeine Interesse wieder ins Zentrum stellen 207
Die Energiewende als Wirtschaftsmotor 207
Dem Marktversagen entgegenwirken 213
Die Zukunft wagen 215

Bibliografie 221

Websites 231

Vorwort

Vor 150 Jahren, als die Schweiz ein armer Kleinstaat von Bauern war, sorgten die Leute mit Kerzen für Licht in ihren Häusern. Wenn sie sich von einem Tal ins andere begaben, überquerten sie die Alpenpässe zu Fuss oder auf dem Pferd.

Stellen Sie sich vor, ein Roger Nordmann jener Zeit hätte den Leuten dazu geraten, Brücken und Tunnels zu bauen, um die Mobilität zu fördern, und Staudämme, um Strom zu produzieren. Hätte man ihm erwidert, dies sei nicht rentabel, weil Kerzen und Maulesel weniger kosteten?

Der Roger Nordmann von heute engagiert sich mit diesem Buch für eine ähnliche Revolution auf einem anderen Gebiet: Er plädiert dafür, neue Technologien einzusetzen, um unsere Abhängigkeit von den fossilen Energien zu verringern. Nach der industriellen Revolution also eine Revolution der Energieversorgung. Für die Schweiz stellt dies in technologischer, industrieller und ökonomischer Hinsicht eine kapitale Herausforderung dar. Und was antwortet man Roger Nordmann? Dass es unmöglich, unnütz und unrentabel ist, weil Benzin, Erdgas und Kernkraft weniger kosten …

Wo ist da der Pioniergeist unseres Landes geblieben? Hätte man früher auch mit dieser Geisteshaltung im Hinterkopf argumentiert, wäre die Schweiz geblieben, was sie einst war. Sie wäre niemals zum neuralgischen Zentrum Europas in Sachen Wasserkraft sowie Strassen- und Eisenbahntransport geworden.

Und es ist bei Weitem nicht das einzige Paradoxon, das mir beim Lesen dieses Buches auffällt.

Der grösste Widerspruch besteht für mich darin, dass es von einem

Sozialdemokraten geschrieben worden ist. Dabei würden doch gerade die bürgerlichen Parteien, die die Industrie und den Finanzplatz vertreten, genauso davon profitieren, wenn die Wirtschaft neu angekurbelt würde. Die Gewinne aus sogenannten Clean Techs, erneuerbaren Energien und Umweltschutzmassnahmen kämen auch ihnen zugute.

Ich war beim Lesen dieser Seiten jedoch auch verblüfft darüber, dass die meisten geschilderten Ideen völlig einleuchtend sind. Muss wirklich ein Buch geschrieben werden, um zu erklären, dass die Kaufkraft der Leute verbessert würde, wenn die Energieverschwendung bekämpft und so die Ausgaben der Haushalte für die Energiekosten gesenkt würden? Und dass die Beschäftigung steigen würde, wenn ein umfassendes Programm zur Gebäudeisolierung und zur Renovierung von Heizungen lanciert würde? Ganz zu schweigen von der Produktion erneuerbarer Energien im Inland, die unsere Handelsbilanz verbessern würde und uns gleichzeitig erlaubte, unsere Importe an fossilen Energien zu senken. Oder dass all dies, verbunden mit dem Bau von Solar-, Wind-, Biogas- oder geothermischen Kraftwerken, viel mehr Leuten Geld einbringen würde als der Bau einiger Kernkraftwerke?

Offensichtlich muss all dies tatsächlich niedergeschrieben werden, weil es nicht für alle einsichtig ist ...

Jene Leute, die dieses Buch zum Altpapier geben, ohne es gelesen zu haben, oder – schlimmer noch – die es lesen, um es besser kritisieren zu können, haben nicht einmal unbedingt schlechte Absichten. Sie hängen vor allem dem sakrosankten Dogma der Marktgesetze an und glauben, diese müssten jeden Wandel in unserer Gesellschaft lenken. Die Globalisierung hat jedoch die Prozesse derart beschleunigt, dass die Marktgesetze grosse Probleme verursachen, ehe sie den gewünschten Wandel herbeiführen. Der Widerspruch – noch einer mehr – besteht deshalb darin, dass das liberale System nur durch übergeordnete Interventionen der Regierungen gerettet werden kann. Sie müssen mutig das allgemeine Interesse verteidigen. Der politische Graben zwischen links und rechts verliert dabei massiv an Bedeutung – zum Glück!

Wenn ich die Gegner solcher Programme reden höre, fällt mir auch *auf, dass sie die Begriffe Ausgaben und Investitionen verwechseln. Ja, das Programm, welches Roger Nordmann verficht, kostet Geld. Doch es würde die Gesellschaft weitaus weniger teuer zu stehen kommen als die heutige Energieverschwendung und ihre Folgekosten für die Umwelt. Roger Nordmanns Programm würde zudem Gewinne bringen – insbesondere wenn man bedenkt, dass die Erdölpreise unausweichlich steigen werden. So etwas nennt man eine Investition …*

Sind Sie der Meinung, ich sei parteiisch, weil ich mich bereit erklärt habe, das Vorwort zu diesem Buch zu schreiben? Von der Öko-Lobby gekauft? Wenn der Autor gegen den motorisierten Individualverkehr kämpfen will, teile ich seine Meinung jedoch nicht. Denn ich bin überzeugt, dass es uns mithilfe der Technik möglich ist, selbst die Autos zu einer sauberen Form der Mobilität zu machen. Und ich bin auch überzeugt, dass wir die Herausforderungen unserer Welt nicht lösen, indem wir nur vom Problem des Klimawandels und von den Kosten für den Umweltschutz reden, weil dies niemanden motiviert. Nein, es ist notwendig, von den Lösungen zu reden, die uns neue Technologien bieten, um gegen die eigentliche Ursache des Problems zu kämpfen: die Abhängigkeit von fossilen Energien. Und wir müssen vom Nutzen reden, der daraus erwächst. Ich tue dies mit dem Projekt Solar Impulse, so wie dies Roger Nordmann mit seinem Buch macht. Was uns fehlt, sind mehr Pioniere, die diesen Weg ebnen, ihn begehbar und für alle einsichtig machen.

Wie viele Bücher und wie viele Vorworte werden noch notwendig sein, bis dieses Ziel erreicht ist?

Dr. Bertrand Piccard

Einleitung

Der Wohlstand unserer Gesellschaft beruht zu wesentlichen Teilen auf einem enormen Verbrauch an fossilen Energien. Die Folgen dessen sind fatal: Zum einen sind diese Energien nur begrenzt verfügbar. Sind wir auch künftig so verschwenderisch, wie dies derzeit der Fall ist, brauchen wir unsere Vorräte innert einiger Dutzend Jahre auf. Der Fortbestand unserer Zivilisation wäre unter diesen Umständen infrage gestellt.

Zum anderen hat der massenhafte Verbrauch an fossilen Energien zur Folge, dass die Durchschnittstemperaturen auf der Erde steigen. Je nach Ausmass der globalen Erwärmung könnten deren Folgen nicht nur für die Umwelt dramatisch ausfallen. Der Lebensraum des Menschen würde ebenfalls stark beeinträchtigt. Die Folgen wären katastrophal: Das Wasser würde viel knapper als heute, die Böden wären weniger fruchtbar, und gewisse Regionen würden unbewohnbar. Das Bevölkerungswachstum und die Tatsache, dass die Schwellenländer weiter nach mehr Wohlstand streben, würden die Situation noch verschärfen.

Dieses Buch analysiert die globalen Herausforderungen in den Bereichen Energie und Klima und stellt darüber hinaus konkrete Projekte vor, um diese Probleme in der Schweiz anzugehen. Aufklärerische und politische Zielen werden miteinander verbunden, wie dies die Natur der Demokratie ist: Bevor Politikerinnen und Politiker Ideen formulieren und die Bürgerinnen und Bürger auffordern können, danach zu handeln, müssen sie erläutern, was auf dem Spiel steht und auf welche Werte sie sich stützen. In einem sehr demokratischen Sinn wendet sich dieses Buch bewusst an ein breites

Publikum. Aus diesem Grund wurden zweitrangige Aspekte beiseite-
gelassen. Manchmal gehe ich zwar von technischen Fakten aus,
wenn dies vorteilhafter ist, um ein Problem darzustellen. So weit als
möglich wurden solche Erläuterungen jedoch in separate Kästen gestellt. Die Leserinnen und Leser können so selber wählen, wie weit
sie ihre Lektüre vertiefen wollen. Mit derselben Überlegung wurden
in den Fussnoten zahlreiche Verweise auf weiterführende Quellen
im Internet untergebracht. Zu guter Letzt sollen auch die Grafiken
dazu beitragen, das Verständnis zu erleichtern.

Die Analyse beginnt mit den wichtigsten globalen Herausforderungen in den Bereichen Energie und Klimaschutz. Danach ist ein
kurzes Kapitel der Kernkraft gewidmet, die gelegentlich als Alternative zu fossilen Energien angepriesen wird. Dem schliesst sich ein
Überblick über die neuesten Fortschritte im Bereich der erneuerbaren Energien an. Den Hauptteil bilden die Kapitel über die drei
Projekte auf nationaler Ebene:

- Projekt 1: Eine intelligente Mobilität
- Projekt 2: Energieeffiziente Häuser
- Projekt 3: Nur noch Strom aus erneuerbaren Energien

Die Forderung, die dieses Buch stellt, lässt sich in einem Satz zusam-
menfassen: *Die Schweiz soll sich ausschliesslich mit erneuerbaren Energien versorgen.* Sie würde so die Grundlagen ihres Wohlstands sichern und ihren Beitrag leisten, um dem Klimawandel wirkungsvoll
zu begegnen. Die Projekte, welche ich in diesem Buch skizziere, stehen nicht im luftleeren Raum. Sie haben auch zum Ziel, unseren
Lebensstandard dauerhaft zu erhalten. Darüber hinaus besitzen sie
das Potenzial, unserer Wirtschaft neu und nachhaltig Schwung zu
verleihen. Gleichzeitig kann und muss unser Land seinen Beitrag
leisten, damit die Welt sich nicht in eine Richtung entwickelt, die
zur Selbstzerstörung der Menschheit führt.

Selbstverständlich gibt es ausser dem Erdöl und der Klimaerwärmung noch andere gewichtige Umweltprobleme. Die Herausforderungen sind vielfältig und umfassen insbesondere das Wasser

und die Biodiversität. Ich beschränke mich auf Energie- und Klimafragen, weil diese auch für die Schweiz einen enormen gesellschaftlichen und wirtschaftlichen Einfluss haben. Sie stehen sinnbildlich für unsere heutigen Probleme: Aus individueller und örtlich beschränkter Optik ergeben sich zahlreiche Vorteile und kaum Nachteile, wenn man Erdöl verbrennt. Doch die Tatsache, dass dies Milliarden von Menschen ebenfalls tun, hat dramatische Konsequenzen für den gesamten Planeten und seine Bewohnerinnen und Bewohner. Die fatale Abhängigkeit unserer modernen Zivilisation von den nicht erneuerbaren Energien zu überwinden, ist deshalb eine der grössten Herausforderungen der Menschheit.

*

Die Ideen dieses Buches machen jedoch auch auf ganz andere Art und Weise Sinn. Dann nämlich, wenn man sich vor Augen hält, wo die Schweiz heute steht: Die grossen Mythen unseres Landes lösen sich nach und nach in Wohlgefallen auf. Zuletzt machte uns die schnelle und erbarmungslose Zerschlagung des Bankgeheimnisses bewusst, wie isoliert die Schweiz heute ist. Fernab von der EU fehlt der Schweiz ein Sensorium für politische Entwicklungen, und sie weiss nicht mehr, wo Verbündete zu finden wären. In der Kontroverse um das Bankgeheimnis war die Schweiz durch den Druck von aussen gelähmt. Sie beteuerte vehement, ihre Positionen seien nicht verhandelbar, nur um sie dann ohne Verhandlungen fallen zu lassen.

Die Schweiz ist nicht grundlos in eine solche Sackgasse geraten. Die Bankiers haben die Politik eingeschüchtert, um ihre längst globalisierten Geschäfte in Ruhe führen zu können. Um dies zu erreichen, griffen sie auf die isolationistische und antistaatliche Rhetorik der SVP zurück. Diese Allianz setzte sich nach Kräften dafür ein, den Staat finanziell zu schwächen und jegliche Entscheidungen im Interesse der Allgemeinheit in Verruf zu bringen. Als Folge dieser Hirnwäsche fällt es unserem Land schwer, neue gemeinsame Perspektiven zu formulieren.

Die Schweiz ist heute zerrissen zwischen nationalistischen Exzessen und dem Zweifel darüber, ob es in einer Willensnation richtig ist, den Staat abzubauen. Unmerklich hat die Schweiz aufgehört, in die Zukunft zu blicken. Nicht die Individuen oder die wirtschaftlichen Akteure, aber die Schweiz als Land. Was bleibt, ist eine nationalistisch geprägte Nabelschau.

Die Schweiz braucht deshalb neue Projekte, die die Menschen verbinden. In diesem Sinne ist es nicht nur eine Notwendigkeit, sondern auch eine interessante Chance, wenn wir uns daranmachen, unseren Verkehr, unsere Häuser und unsere Stromproduktion umweltverträglicher auszurichten.

Dieses Buch will dazu beitragen, der Schweiz wieder einen Sinn zu stiften, damit sie sich der Zukunft zuwenden kann. Geht die Schweiz ihre wahren Probleme an, könnte sie auch wieder viel eher zu einer gemeinsamen Identität und einem gemeinsamen Willen finden. Energie- und Klimafragen sind nicht die einzigen, aber doch wichtige Stationen auf diesem Weg. Denn die Energie und der Verkehr sind wichtige Pfeiler der Identität unserer modernen Schweiz. Man denke nur an den Bau der Staudämme und der Eisenbahn. Die Schweizerinnen und Schweizer messen unseren Wasserkraftwerken und der Bahn eine grosse Bedeutung zu, so wie ihnen auch die Umwelt viel bedeutet. Energie, Umwelt und Identität – drei Grössen, die sich ergänzen.

1 Das Versiegen der fossilen Vorräte

Die Nutzung fossiler Energien und die Klimaerwärmung sind zwei Seiten derselben Medaille, denn die Klimaerwärmung wird durch die Verbrennung von Erdöl, Erdgas oder Kohle verursacht. Dieses Kapitel widmet sich den fossilen Energien, während im nächsten die Klimaerwärmung unter die Lupe genommen wird.

Energie ist eine der grundlegenden Komponenten unseres Wohlstands. Die Begriffe, welche unsere Grosseltern benutzten, widerspiegelten dies noch deutlich: Damals bezeichnete man die Energie als «Arbeit» (oder «mechanische Arbeit») und verwendete dafür die Abkürzungen W oder A für *work* respektive Arbeit.

Dies kommt nicht von ungefähr: Während langer Zeit stammte die Energie, die man nutzte, aus der körperlichen Arbeit von Menschen oder Haustieren. Indem die Menschen lernten, aus der Kohle oder dem Erdöl Energie freizusetzen, befreiten sie sich von solcher Arbeit. Gleichzeitig verbesserten sie ihren Lebensstandard erheblich. Über Energie zu verfügen, ist deshalb eine der grundlegenden Voraussetzungen für den Wohlstand. Dies gilt im selben Mass für den Zugang zu den Rohstoffen.

Fossile Rohstoffe entstanden im Verlauf der Erdgeschichte durch die Umwandlung pflanzlicher oder tierischer Materie. Die darin gespeicherte Energie wurde durch die Fotosynthese erzeugt: Während Millionen von Jahren speicherten Pflanzen dank der Energiezufuhr der Sonne CO_2 aus der Atmosphäre. Dann starben diese Pflanzen oder die Tiere, die sie frassen. Die toten Pflanzen und Tiere wurden in der Erdrinde festgepresst und verwandelten sich nach und nach in Erdöl, Kohle oder Erdgas (Methan). Dieser Prozess fand vor mehreren Dutzend Millionen Jahren statt. Heute ist man sich darin einig, dass die Vorräte an fossilen Energien begrenzt sind. Einig ist man sich auch darin, dass eine Erneuerung der fossilen Energievorräte, wenn es denn eine gibt, sehr lange dauern würde. Viel länger, als wir beim derzeitigen Energieverbrauch benötigen, um die bestehenden Vorräte aufzubrauchen. Aus diesem Grund werden die fossilen Energien auch als nicht erneuerbar bezeichnet: Wir zehren von Vorräten, die sich nicht selber erneuern und die eines Tages erschöpft sein werden.

In diesem Zusammenhang brennt insbesondere eine Frage auf den Nägeln: Wo stehen wir mit dem Verbrauch unserer Vorräte? Am Anfang? In der Mitte? Oder neigen sich die Vorräte bereits dem Ende zu? Von grundlegender Bedeutung ist hier die Theorie des Peak Oil, des Ölfördermaximums. Lange Zeit wurde sie kritisiert, schlechtgemacht und infrage gestellt. Doch inzwischen setzt sie sich immer mehr durch.

Die Theorie des Peak Oil

Die Theorie des Peak Oil wurde erstmals vom US-amerikanischen Geologen Marion King Hubbert (1903–1989) formuliert. Hubbert, der für Shell arbeitete, hatte in den 1940er- und 1950er-Jahren beobachtet, wie sich die Förderung in einem Erdölfeld typischerweise entwickelt. Ihm war aufgefallen, dass die Fördermengen in einer ersten Phase nach der Einrichtung der Bohrtürme stets anstiegen. Danach blieben sie stabil, ehe sie nach und nach zurückgingen, weil sich das Ölfeld leerte.

Abbildung 1 zeigt, dass ein Erdölfeld nicht abrupt versiegt. Es verhält sich nicht wie eine Wasserflasche, die man umdreht und die sich innert drei Sekunden leert. Im Gegenteil: Die Fördermengen gehen schrittweise zurück, weil der Druck des Erdöls abnimmt und dieses in immer kleineren Mengen an die Erdoberfläche gelangt. Viel passender ist deshalb das Bild eines Schwamms, der mit Wasser durchtränkt ist: Anfangs tropft das Wasser aus dem Schwamm heraus. Dann muss dieser immer mehr ausgepresst werden, während immer weniger Wasser herauskommt. Schliesslich ist der Moment erreicht, da der Schwamm so gut wie trocken ist.

1 Der typische Verlauf der Förderung aus einem Erdölfeld

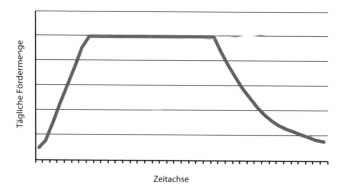

2 Schematische Darstellung des Peak Oil aufgrund von vier typischen Erdölfeldern und der Addition ihrer Fördermengen

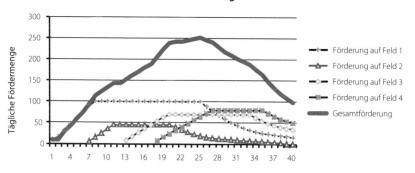

Hubbert beobachtete nicht nur den Abbau zahlreicher Erdölfelder in den USA. Ihm fiel auch auf, dass immer weniger neue Quellen entdeckt wurden. Daraus folgerte er, dass in einer ersten Phase die Fördermengen eines Landes wachsen, weil stets neue Erdölfelder erschlossen werden. Danach aber, so Hubbert, müsse ein Rückgang folgen. In der Tat ist die gesamte Fördermenge eines Landes

ja nichts anderes als die Summe der Produktion sämtlicher Erdölfelder dieser Nation. Die Fördermenge sämtlicher Erdölfelder
eines Landes muss sich also analog der Fördermenge eines einzelnen Feldes in Form einer Glocke oder eines Berges entwickeln.
Der globale Peak Oil wiederum ist definiert als der Moment, von
dem an die addierte Fördermenge sämtlicher Länder der Welt zurückgeht.

**3   Bisherige Erdölförderung in den USA und Prognosen für die künftige
Förderung gemäss der Energy Watch Group[1]**

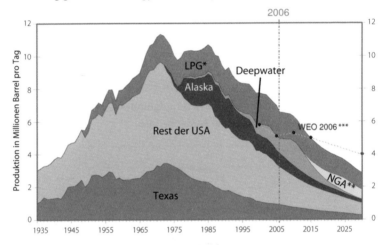

*LPG (Liquefied Petroleum Gas) ist eine Mischung von Propan und Butan, mit der man
insbesondere einen dafür konzipierten Verbrennungsmotor antreiben kann. LPG
darf nicht mit Erdgas (Methan) verwechselt werden, das in aller Regel fossiler Herkunft ist, manchmal aber auch aus der Methanisierung biologischer Abfälle stammt
(«Biogas»).
**NGA: Naturschutzgebiet der Arktis.
***WEO 2006: Prognose World Energy Outlook 2006 der Internationalen Energie-
agentur.*

---

1 Quelle: Schindler, J., und Zittel, W., 2008, S. 60, © Energy Watch Group / Ludwig-
   Bölkow-Stiftung.

Anfang der 1950er-Jahre sagte Hubbert voraus, dass der Gipfel der Erdölförderung in den USA (ohne Alaska) um etwa 1970 erreicht sein werde. Wie Abbildung 3 zeigt, gab ihm die Geschichte recht. Zwar konnte der Rückgang der Gesamtproduktion der USA für kurze Zeit gestoppt werden, indem man sehr rasch die Ressourcen Alaskas verfügbar machte. Dennoch sanken die Fördermengen danach bald wieder: In Alaska ist die Produktion zwanzig Jahre nach ihrem Höhepunkt um die Hälfte zurückgegangen. Die USA versuchten den Rückgang aufzuhalten, indem sie Erdöl aus den Meerestiefen *(deepwater)* oder in der Arktis förderten. Die Katastrophe im Golf von Mexiko hat gezeigt, wohin eine solche Politik führt.

Die aktuelle Situation

Heute können die erdölproduzierenden Länder in zwei Gruppen aufgeteilt werden, die gemessen an ihren Fördermengen etwa gleich wichtig sind: Einerseits gibt es die Mitglieder der Organisation erdölexportierender Länder (OPEC). Die gesamte Fördermenge der OPEC steigt immer noch leicht an. Ihre Mitglieder verfügen auch über die grosse Mehrheit der bekannten Erdölreserven. Auf der anderen Seite stehen jene Länder, die nicht der OPEC angehören. Die gesamte Fördermenge dieser Länder sinkt, und sie besitzen nur einen kleinen Teil der verbleibenden Erdölreserven.

Weltweit stammt die Hälfte des geförderten Erdöls aus OPEC-Ländern – mit steigender Tendenz, wie die folgende Grafik zeigt. Lediglich die Hälfte der OPEC-Länder hat den Peak Oil bereits hinter sich. Völlig unklar ist die Lage in Saudi-Arabien: Hier wird seit mehreren Jahren mehr oder weniger konstant gleich viel Erdöl gefördert. Wahrscheinlich hat Saudi-Arabien aber sein Fördermaximum noch nicht erreicht. Vielmehr dürfte es sich um eine Strategie der Regierung handeln, um die Erdölressourcen länger zu bewahren.

4   Die Produktion der OPEC-Mitgliedsländer ausser Angola[2]

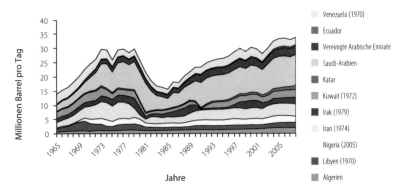

Bei jenen Ländern, die den Peak Oil hinter sich haben, ist in Klammern angegeben, wann dies geschah.

Abbildung 5 zeigt die Entwicklung der täglichen Fördermengen jener Länder, die nicht dem OPEC-Kartell angehören. Sie liefern weltweit immer noch fast die Hälfte des gesamten Erdöls. Dabei fällt auf, dass drei Viertel dieser Länder den Peak Oil hinter sich haben. Ihre Fördermengen gehen somit zurück. Bei jedem dieser Länder ist angegeben, wann der Peak Oil erreicht wurde. Von jenen Ländern, deren Produktion noch nicht zurückgeht, verzeichnen einzig China, Angola und Brasilien gewichtigere Fördermengen. Wie schnell sich der Rückgang vollziehen kann, zeigt das Beispiel Grossbritanniens: 1999 erreichte das Land mit 2,9 Millionen Barrel pro Tag seinen Peak Oil, 2008 förderte es gerade noch 1,6 Millionen Barrel pro Tag.

---

2 Quelle: BP, Historical Data. Angola, das erst am 1. Januar 2007 der OPEC beitrat, ist hier nicht erfasst. Es erscheint in der folgenden Grafik.

5   Die Produktion der Nicht-OPEC-Länder in Millionen Barrel pro Tag (mit Ausnahme der Mitgliedsländer der ehemaligen UdSSR)[3]

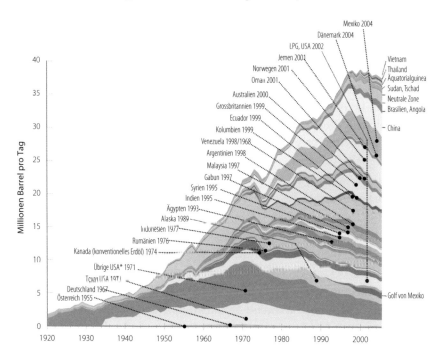

Bei jenen Ländern, die den Peak Oil hinter sich haben, ist in Klammern angegeben, wann dies geschah. Die Länder der Ex-UdSSR sind hier nicht aufgeführt, weil sie einen Sonderfall darstellen: Vor dem Zusammenbruch der UdSSR betrug ihre Gesamtproduktion 12,5 Millionen Barrel pro Tag. Wegen der politischen Wirren brach die Produktion ein, um danach fast wieder auf das frühere Niveau anzusteigen. Allerdings erreichte die Fördermenge der Russischen Föderation nie wieder das frühere Niveau. Dass diese Ländergruppe ihre Erdölförderung wieder ankurbeln konnte, lag daran, dass Kasachstan seine Produktion steigern konnte.

*Übrige USA: USA ohne Texas, Alaska und den Golf von Mexiko.

---

3 Quelle: Schindler, J., und Zittel, W., 2008, S. 44 (die Grafik wurde um die Prognosen gekürzt), © Energy Watch Group / Ludwig-Bolkow-Stiftung.

Der Zeithorizont für das Versiegen des Erdöls

Die Meinungen gehen stark auseinander, wann auf globaler Ebene der Peak Oil erreicht sein wird. Es herrscht weitgehend Einigkeit darüber, dass die grösste Ungewissheit von Saudi-Arabien ausgeht. Dieses Land liefert alleine 13 Prozent des weltweiten Erdöls und verfügt über die grössten bekannten Reserven. Wenn wir in dreissig Jahren die Geschichte der weltweiten Erdölproduktion analysieren, wird der globale Peak Oil wahrscheinlich mit jenem von Saudi-Arabien zusammenfallen. Weil das saudische Regime aber jegliche Transparenz verweigert, ist es unmöglich, wirklich verlässliche Angaben über die verbleibenden Reserven in diesem Land zu bekommen. Diese sind nun aber einmal ein zentraler Faktor, um die Entwicklung der künftigen Fördermengen voraussagen zu können.

Letztlich werden wir deshalb den Peak Oil nur rückblickend bestimmen können. Derzeit aber ist es schwierig, eine genaue Antwort zu bekommen. Der Erdölmulti BP schätzt, dass beim derzeitigen Verbrauch noch während 45 Jahren konventionelles Erdöl zur Verfügung steht.[4] Diese Aussage ist indes in dreifacher Hinsicht problematisch:

- Wenn der Erdölverbrauch weiter ansteigt, werden die Vorräte auch schneller zur Neige gehen. Dieser Anstieg wiederum ist eine Tatsache: Zwischen 1999 und 2009 wuchs der weltweite Erdölverbrauch um 10 Prozent an.
- Seit 1989 behauptet BP, die verbleibenden Vorräte würden beim derzeitigen jährlichen Verbrauch für rund vierzig Jahre ausreichen. Dies kann jedoch nur dann der Fall sein, wenn jedes Jahr so viele neue Vorräte gefunden worden wären, wie im selben Jahr Erdöl verbraucht wurde. Und auch dann nur unter der Annahme, dass der Verbrauch nicht gestiegen wäre. Doch

---

4 BP Statistical Review of World Energy 2010, S. 6 und 10.

der Verbrauch nahm zu. Die neu entdeckten Vorräte machen dagegen seit zwanzig Jahren nur einen Bruchteil des Verbrauchs aus.[5] Zwar wurden die Fördertechniken verbessert, sodass die Erdölfelder gründlicher «geleert» werden können als früher. Es wäre aber trotzdem erstaunlich, wenn die Vorräte auch heute noch gleich lange ausreichen würden wie noch 1989.

- Noch verwunderlicher aber ist, dass laut BP die Gesamtmenge an bekannten konventionellen Erdölvorräten zwischen 1989 und 2009 von 1006 auf 1333 Milliarden Barrel angestiegen sein soll. Dies wäre erstaunlich: Im selben Zeitraum wurden insgesamt rund 500 Milliarden Barrel Erdöl verbraucht; die neu entdeckten Vorräte aber machen nur einen Bruchteil dessen aus. Man muss sich deshalb fragen, ob diese Zahlen nicht manipuliert wurden. Diese Vermutung ist umso wahrscheinlicher, als die Erdölvorräte einen Einfluss auf die Börsenkurse und auf die Fördermengen haben, die die OPEC ihren Mitgliedsländern zuteilt.

Trotz all dieser Vorbehalte ist es aber interessant, festzustellen, dass ein Erdölmulti offen zugibt, die Erdölvorräte würden innert relativ kurzer Zeit aufgebraucht sein.

Bis 2007 nahm die in Paris ansässige Internationale Energieagentur (IEA) die Theorie des Peak Oil nicht ernst. Stets betonte sie, die weltweiten Vorräte an fossilen Energien würden bei Weitem ausreichen, und die Produktion steige mit der Nachfrage. Sie gestand lediglich ein, dass es im äussersten Fall um 2015 zu einem Engpass kommen könne, weil zu wenig investiert werde, um die Fördermengen zu steigern. 2008 vollzog diese Regierungsorganisation eine Kehrtwende: Sie prognostizierte, dass die Erdölfördermengen um das Jahr 2030 zurückgehen würden. Weiter sagte sie eine Stagnation

---

5 Vgl. dazu Abb. 7, S. 30.

(plateauing) für konventionelles Erdöl[6] ab 2010 voraus; ab 2020 würden dessen Fördermengen dann zurückgehen. Der Rückgang, so die IEA weiter, könne durch die Förderung nicht konventionellen Erdöls leicht hinausgeschoben werden.

6   Erdölproduktion im Referenzszenario der Internationalen Energieagentur (IEA)[7]

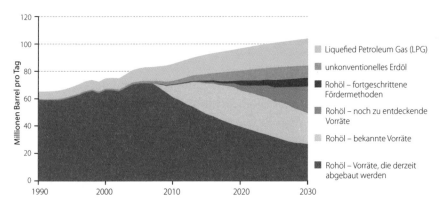

In Abbildung 6 sind die Prognosen der IEA detailliert aufgeschlüsselt:

1. Die IEA erwartet, dass die Fördermengen jener konventionellen Erdölfelder, die heute in Betrieb sind (dunkelblauer Sockel), sehr rasch abnehmen: von heute 70 Millionen Barrel pro Tag auf 30 Millionen im Jahr 2030.
2. In einer ersten Phase zählt die IEA auf ein starkes Wachstum bei

---

6 Leider gibt es sehr unterschiedliche Definitionen der Begriffe «konventionelles Erdöl» und «nicht konventionelles Erdöl». Von konventionellem Erdöl ist immer dann die Rede, wenn es auf traditionelle Art mit Bohrtürmen und zu wirtschaftlich vorteilhaften Bedingungen gefördert wird. Demgegenüber werden Ölsand und Ölschiefer in der Regel als nicht konventionelles Erdöl bezeichnet. Die IEA reiht die Förderung von Tiefseeöl unter das konventionelle Erdöl ein, obwohl dazu Hightech-Methoden notwendig sind. Mehr darüber siehe bei Schindler, J., und Zittel, W., 2008, S. 20, oder bei IEA und OECD, 2008, S. 200.

7 Quelle: IEA und OECD, 2008, S. 250.

jenen Erdölfeldern, wo heute noch kein Öl gefördert wird, auch wenn sie schon entdeckt sind (hellblau). 2030 werden diese Vorräte weitgehend ausgebeutet sein, und ihre Produktion wird zurückgehen. Ein solches Szenario setzt jedoch voraus, dass zahlreiche Bohrungen im Meer gemacht werden. Wie die Ölpest vom April 2010 im Golf von Mexiko gezeigt hat, stellt diese Fördermethode indes ein grosses ökologisches und wirtschaftliches Risiko dar.

3. Um den Rückgang der Fördermengen zu kompensieren, setzt die IEA auf konventionelle Erdölfelder, «die noch zu finden sind» (rot). Dabei handelt es sich mit anderen Worten also um Felder, von denen man heute noch nichts weiss und die man demnächst zu entdecken hofft. Die IEA geht davon aus, dass die Produktion aus diesen Quellen ab 2020 stark ansteigen wird, sodass sie nach zehn Jahren einen Drittel der heutigen Produktion abdecken kann.

4. Den wachsenden Verbrauch will die IEA einerseits mit besseren Fördermethoden für konventionelles Erdöl kompensieren. Diese erlauben es, ein Erdölfeld gründlicher oder schneller auszubeuten.

5. Andererseits setzt die IEA auf die Produktion von Propan und Butan (Liquefied Petroleum Gas oder LPG) und auf nicht konventionelles Erdöl (zum Beispiel Ölsand). Dabei vernachlässigt sie jedoch die katastrophale ökologische Bilanz dieser Fördermethoden.

Die ersten beiden Annahmen sind ziemlich realistisch. Was man von der dritten nicht sagen kann: Damit dies geschähe, müsste es zu einer völligen Trendwende bei der Entdeckung neuer Erdölfelder kommen. Denn seit Jahrzehnten werden immer weniger neue Ölquellen entdeckt, und die gefundenen Felder werden immer kleiner. Der Grund dafür liegt auf der Hand: Es ist unwahrscheinlich, dass bei der Suche nach neuen Quellen grosse Erdölvorkommen «übersehen» werden. Ein kleines Erdölfeld dagegen kann zunächst durchaus unentdeckt bleiben. Abbildung 7 vergleicht die Vorräte, welche jedes Jahr entdeckt werden, mit der Fördermenge (umgangssprachlich fälschlicherweise als «Produktion» bezeichnet, da Erdöl ja nicht produziert wird). Daraus geht hervor, dass die Fördermenge seit zwanzig Jahren deutlich über den neu entdeckten Vorräten liegt.

7   Rohöl und Flüssiggas (gasförmig oder kondensiert): Entdeckte Vorräte in Milliarden Barrel pro Jahr (gesicherte und anzunehmende Vorräte)[8]

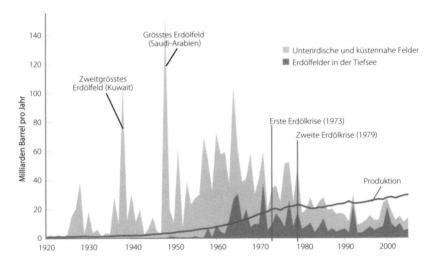

Fatih Birol, der Chefökonom der IEA, kommt zum Schluss, dass nicht mehr viel Zeit verbleibt, um uns anzupassen.[9] Er erklärt den Kontrast zwischen den früheren und den heutigen Prognosen der IEA folgendermassen: In den Vorbereitungsarbeiten für ihren Bericht für das Jahr 2008 habe die Agentur erstmals detailliert analysiert, wie sich die Produktion der 800 grössten Erdölfelder entwickelte. Sie sei dabei zum Schluss gekommen, dass der jährliche

---

8 Quelle: Schindler, J., und Zittel, W., 2008, S. 36 (die Grafik wurde um die Prognosen gekürzt), © Energy Watch Group / Ludwig-Bölkow-Stiftung.
9 Monbiot, G., 15.12.2008.

Rückgang bei 6,7 und nicht wie bisher angenommen bei 3,7 Prozent liege. Diese Feststellungen werden von Mikael Höök, einem Forscher der Universität Uppsala, untermauert.[10]

Bevor die IEA ihre Kehrtwende vollzog, litt sie unter einem ernsthaften Glaubwürdigkeitsproblem. Wie konnte sie davon ausgehen, dass Erdöl unendlich zur Verfügung steht, und gleichzeitig einen – sicherlich zu kleinen – Rückgang der Produktion um 3,7 Prozent prognostizieren? Offensichtlich erhoffte sich die IEA, dass zahlreiche neue Felder entdeckt und die Fördermethoden für nicht konventionelles Erdöl grosse Fortschritte machen würden. Doch wesentlich ist etwas ganz anderes: Jene Organisation, die sich zuvor stets am optimistischsten über die Versorgung mit Erdöl geäussert hatte, bestätigt heute die Theorie des Peak Oil. Und sie sieht diesen Zeitpunkt – je nach Art des Erdöls – in zehn bis zwanzig Jahren gekommen. Weiter anerkennt die IEA, dass die Stagnation bei der Förderung konventionellen Erdöls so gut wie erreicht ist.

Kritische Organisationen wie die Association for the Study of Peak Oil and Gas (ASPO) oder die Energy Watch Group[11] schätzen ihrerseits, dass wir bereits mehr oder weniger am Peak Oil angelangt sind und dass die jährlichen Fördermengen rasch zurückgehen könnten. Auf ihren Internetseiten finden sich detaillierte Analysen dazu.

Interessanter als diese Meinungsverschiedenheiten ist aber der Konsens in einigen zentralen Punkten:

- Der Rückgang der Produktion auf den bekannten Erdölfeldern zeichnet sich immer mehr ab.
- Die Vorräte an konventionellem Erdöl sind begrenzt. Beim aktuellen Verbrauch reichen sie im besten Fall noch für vier Jahrzehnte aus. Verstärken wir die Förderung dieser Erdölquellen, versiegen sie noch früher.
- Lange vor dem Versiegen der Vorräte wird ein Spitzenwert in der

---

10 Höök, M., et al., 2009.
11 Siehe www.aspo.ch und www.energywatchgroup.org.

täglichen Förderung erreicht. Diesem folgt eine Phase des Rückgangs.

Und die übrigen fossilen Energien?

Nicht konventionelles Erdöl kann im besten Fall eine unterstützende Funktion haben, denn seine Förderung ist kostspielig und umweltbelastend.[12] Auch die übrigen fossilen Brennstoffe stellen keine Lösung dar.

Erdgas (Methan fossilen Ursprungs oder CH_4) ist für die Energiegewinnung ein perfektes Substitut für Erdöl. Doch auch Erdgas wird in absehbarer Zeit nicht mehr zur Verfügung stehen, wobei die Vorräte beim derzeitigen Verbrauch etwas länger ausreichen als die Erdölreserven. Der Niedergang eines Erdgasfeldes vollzieht sich allerdings weitaus abrupter als derjenige einer Erdölquelle: Die Förderung hört sozusagen von einem Tag auf den anderen auf wie bei einer Spraydose, die plötzlich leer ist. Erdgas diversifiziert unsere Energieversorgung nicht, sondern stellt vielmehr ein korreliertes Risiko zum Erdöl dar. Diese Feststellung ändert jedoch nichts daran, dass das Erdgas in einer Übergangsphase durchaus eine wichtige Funktion einnehmen kann. Pro Einheit Nutzenergie werden bei seiner Verbrennung nämlich weniger CO_2 und andere lokale Schadstoffe ausgestossen als beim Erdöl. Ob das Erdgas in der ökologischen Gesamtbilanz besser abschneidet als das Erdöl, hängt indes davon ab, wie es gefördert und transportiert wird.

Ganz anders steht es mit der Kohle. Beim derzeitigen Verbrauch könnten die Vorräte noch für ein Jahrhundert ausreichen.[13] Die Klima- und Umweltbilanz der Kohle ist dagegen katastrophal: Bei der Verbrennung wird die Umgebung ausserordentlich stark mit Schadstoffen belastet, und bei der Stromproduktion mithilfe von

---

12 Siehe http://de.wikipedia.org/wiki/Ölsand.
13 BP Statistical Review of World Energy 2010, S. 43.

Kohle wird zwei- bis dreimal mehr CO_2 emittiert, wie wenn Erdgas verwendet wird.

8 Die Entwicklung des weltweiten Verbrauchs an Erdöl und Erdgas sowie die Entwicklung des Kohleverbrauchs nach geografischen Zonen[14]

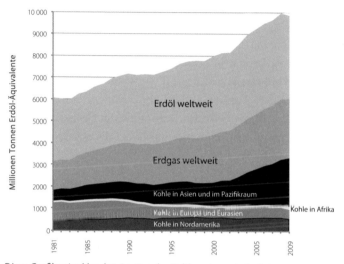

Diese Grafik zeigt klar den Anstieg des Kohleverbrauchs in Asien.

Derzeit wird danach geforscht, wie das CO_2 aufgefangen werden kann, das bei der Verbrennung von Kohle ausgestossen wird. Die Umweltbelastung soll auf diese Weise begrenzt werden. Dabei soll das Kohlendioxid nach der Verfeuerung gesammelt und unter der Erde eingelagert werden – in alten Minen, in leeren Erdöl- oder Methanfeldern oder in Salzformationen. Es ist jedoch höchst ungewiss, ob dies machbar, sicher und (auch bezüglich des Energieverbrauchs) rentabel ist. Die Kritiker sehen darin lediglich einen Taschenspielertrick; sie befürchten, dass das Gas nach einigen Jahren wieder an die Oberfläche kommt. Trotz dieser berechtigten Einwände sollte diese

---

14 Quelle: BP, Historical Data.

Möglichkeit aber geprüft werden. Denn zahlreiche Schwellenländer investieren weiterhin massenhaft in kohlenbetriebene Stromkraftwerke. Könnte das CO_2 dieser Kraftwerke unterirdisch konserviert werden, wäre dies ein Beitrag, um die Schäden in der derzeitigen Übergangsphase zu begrenzen.

Erwähnt sei schliesslich auch, dass es möglich ist, Kohle in Benzin umzuwandeln. Dieser Prozess belastet die Umwelt jedoch auf so ziemlich jede denkbar mögliche Art und Weise. Entwickelt wurde er während der Apartheid in Südafrika, um das Erdöl-Embargo zu umgehen. Wird ein Barrel Erdöl auf diese Weise produziert, entstehen dabei anderthalb Tonnen an CO_2-Emissionen. Hinzu kommt eine weitere halbe Tonne beim Endverbrauch des Rohstoffs. Insgesamt sind die CO_2-Emissionen viermal höher als bei der direkten Verbrennung eines Barrels Erdöl.[15]

Die wirtschaftlichen und sozialen Folgen eines Preisanstiegs der fossilen Energien

Der Erdölmangel könnte sich weitaus schneller und stärker auf den Preis auswirken, als die Fördermengen tatsächlich zurückgehen. Kurzfristig ist die Nachfrage nach Erdöl nämlich relativ unelastisch: Dies bedeutet, dass die Preisschwankungen kaum einen Einfluss darauf haben, wie viel Erdöl die Käufer bestellen. Sobald das Angebot an Erdöl die Nachfrage nur noch ungenügend deckt, explodiert daher der Preis für das Barrel Erdöl. Eine Anpassung der Fördermengen findet dagegen nicht statt. Während der gesamten 1990er-Jahre stagnierte der Erdölpreis um die 15 Dollar, ehe er steil anstieg, um im Sommer 2008 einen Höchstpreis von 140 Dollar pro Barrel zu erreichen. Wegen der Finanzkrise sank der Preis danach kurzfristig, stieg danach aber wieder auf über 90 Dollar an.

---

15 Foucart, S., 14.11.2009.

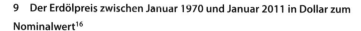

9 Der Erdölpreis zwischen Januar 1970 und Januar 2011 in Dollar zum Nominalwert[16]

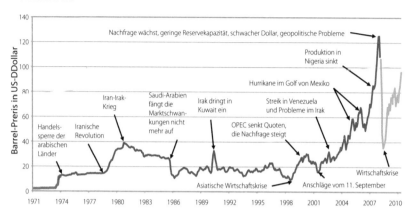

Langfristig kann der Preis sinken, wenn es der Weltwirtschaft gelingt, weniger Erdöl zu verbrauchen. Ein dauerhaft hoher Preis bietet Anreize, in Technologien zu investieren, die weniger Erdöl verbrauchen. Die Nachfragte passt sich also bis zu einem gewissen Grad von selbst an. Diese Anpassungen vollziehen sich jedoch langsam und nur dann, wenn Güter wie etwa Autos ersetzt oder Infrastrukturen erneuert werden. Die IEA ist dennoch der Ansicht, dass die Anstrengungen zur Einsparung von Energie sich auf die Nachfrage auszuwirken beginnen.[17] Kurzfristig könnte auch eine Entspannung erzielt werden, indem mehr Geld in die raschere Förderung des verbliebenen Erdöls investiert würde. Mittel- und langfristig hätte dies aber einzig zur Folge, dass die Vorräte schneller versiegen.

---

16 Quelle: © U.S. Energy Information Administration (EIA). Unabhängige Statistiken und Analysen/IEA (www.eia.doe.gov/emeu/cabs/AOMC/images/chron_ 2008.xls und www.eia.doe.gov/emeu/steo/realprices. Die Grafik wurde ab September 2008 mit dem durchschnittlichen Weltpreis gemäss EIA ergänzt

17 IEA, 23.6.2010.

Die wirtschaftlichen Konsequenzen eines Versiegens der fossilen Energievorräte werden deutlich, wenn man sich vor Augen hält, dass sage und schreibe 88 Prozent der weltweit verbrauchten Primärenergie fossilen Ursprungs sind.[18] Alleine Erdgas und Erdöl liefern 59 Prozent der Primärenergie. Derzeit spielen fossile Energien nicht nur im Strassenverkehr, in der Luftfahrt, beim Heizen, in der Landwirtschaft oder der Industrie, sondern auch in der Stromproduktion eine zentrale Rolle. Weltweit stammen zwei Drittel des Stroms aus fossilen Quellen (Kohle, Erdöl oder Erdgas). Selbst in Europa ist gut die Hälfte des Stroms fossilen Ursprungs.[19] Diese Zahlen belegen eindrücklich, wie verwundbar unser Wirtschaftssystem ist, weil es auf dem intensiven Abbau fossiler Energien beruht, die reichlich vorhanden und billig sind. Wenn wir nicht wollen, dass unsere Zivilisation wie die Dinosaurier endet, werden wir um grundlegende Änderungen nicht herumkommen.

Versiegen die fossilen Energien und steigen die Energiepreise, sind Arme und Reiche jedoch nicht in gleichem Mass betroffen. Die Entwicklungsländer bekommen den Preisanstieg weitaus stärker zu spüren, weil ihre Wirtschaft eine schlechte Energieeffizienz aufweist. Folgende Zahl illustriert dies eindrücklich: Indien verbraucht pro Einheit des BIP fünfmal mehr Energie als die Schweiz.[20]

In der Schweiz wiederum geben Haushalte mit bescheidenen Einkommen einen überproportional hohen Anteil ihres Budgets für Energie aus. Je grösser das Einkommen in einem Haushalt ist, umso kleiner ist der Anteil der Energiekosten am gesamten Haushaltbud-

---

18 Quelle der Berechnung: BP Statistical Review of World Energy 2010, S. 41.
19 Berechnung auf der Grundlage der Angaben der U.S. Energy Information Administration (EIA). Unabhängige Statistiken und Analysen (www.eia.doe.gov/emeu/international/electricitygeneration.html).
20 Quelle: U.S. Energy Information Administration (EIA). Unabhängige Statistiken und Analysen (www.eia.doe.gov/pub/international/iealf/table1g.xls). Da Erdöl in US-Dollar gehandelt wird, fusst der Vergleich auf US-Dollar, die zum Marktkurs konvertiert wurden. In Kaufkraftparität gemessen, ist der Unterschied weniger ausgeprägt.

get (s. Abbildung 10). Die Energiefrage ist also ganz fundamental auch eine Frage der sozialen Gerechtigkeit und der Verteilung des Wohlstands. Jene Bevölkerungsgruppen, die gut verdienen, wären deutlich weniger von einem Anstieg der Energiekosten betroffen als ärmere Schichten.

10   Anteil der Ausgaben für Energie am Budget von Schweizer Haushalten, aufgeteilt nach verschiedenen Monatseinkommen[21]

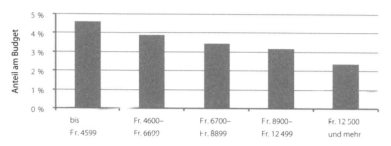

Die Abhängigkeit der Weltwirtschaft von fossilen Energien ist mindestens so gross wie jene von den Banken. Genau wie flüssige Geldmittel halten auch die fossilen Energien die Wirtschaft am Laufen. Kommt es zu einem Engpass in der Energieversorgung, steht die Wirtschaft still – gleich einem Lebewesen, das innert weniger Minuten stirbt, wenn es nicht mehr genug Sauerstoff bekommt. Ein wichtiger Unterschied zwischen fossilen Energien und Finanzen besteht indes: Eine Notenbank kann flüssige Mittel schaffen, indem sie Buchungen in ihrer Bilanz vornimmt. Erdöl aber kann nicht beliebig vervielfältigt werden.

2008 intervenierten die Regierungen und Notenbanken im grossen Stil, um eine Wirtschaftskrise wie in den 1930er-Jahren zu verhindern. Von einem Tag auf den anderen griffen die Staaten

---

21 Quelle der Berechnungen: BFS, Tabelle 1 20.02.01.06.01.

ins schwächelnde Bankensystem ein, um dessen Liquidität und ein gewisses Vertrauen zu sichern. Es ging darum, eine grössere Wirtschaftskrise zu verhindern. Diese hätte eine riesige Arbeitslosigkeit und eine allgemeine Verarmung der gesamten Bevölkerung zur Folge gehabt – und zwar rund um den Globus. Eine vergleichbare Intervention wird in der Energiekrise, die sich ankündigt, nicht möglich sein. Die Antwort auf die Energiekrise muss zwingend struktureller Art sein. Die Anstrengungen, die unternommen werden müssen, tragen jedoch auch Früchte im Kampf gegen die Klimaerwärmung, die im nächsten Kapitel behandelt wird. Auf diese Weise könnten zwei Fliegen mit einer Klappe geschlagen werden.

Das Wichtigste in Kürze

- 87 Prozent der Energie, die auf der Welt verbraucht wird, sind fossilen Ursprungs.
- Die Vorräte an leicht zugänglichem Erdöl und Erdgas werden in einigen Dutzend Jahren erschöpft sein. BP schätzt, dass beim derzeitigen Verbrauch konventionelles Erdöl für die nächsten rund vierzig Jahre vorhanden ist.
- Der angestiegene Verbrauch von Kohle oder von Ölsand belastet die Umwelt noch stärker. Dasselbe gilt für Tiefseebohrungen.
- Die Fördermengen stagnieren, und wir nähern uns dem Peak Oil. Weil die Nachfrage der Schwellenländer nach Erdöl wächst, steigen die Erdölpreise kontinuierlich an.
- Die Krise der fossilen Energien bedroht die Grundlagen der heutigen Wirtschaft. Der Mangel an Rohstoffen könnte zudem grosse Ungleichheiten zur Folge haben. Tiefere Einkommen wären davon stärker betroffen.
- Soll unser Wohlstand erhalten bleiben, müssen wir uns schrittweise von den fossilen Energien befreien.

2   Die Klimaerwärmung

Die Klimaerwärmung wird durch die steigende Konzentration von Treibhausgasen in der Atmosphäre verursacht. Verschuldet hat dies in erster Linie der Mensch. Die Verbrennung fossiler Energieträger setzt riesige Mengen des Klimagases Kohlendioxid (CO_2) frei. Diese Emissionen sind weitaus höher als die Menge an CO_2, welche die Pflanzen durch Fotosynthese oder die Ozeane absorbieren können.

Erstaunlich ist dies nicht: Während Dutzenden von Millionen Jahren wurde pflanzliche und tierische Materie in der Erdrinde in Form von Kohle, Erdgas oder Erdöl gespeichert. Wir aber nutzen diese fossile Materie seit weniger als drei Jahrhunderten und setzen so all das darin enthaltene CO_2 innert viel kürzerer Zeit in unnatürlich hohen Mengen frei.

11   Illustration des Treibhauseffekts

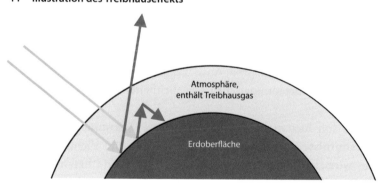

Die Sonnenstrahlen dringen in die Erdatmosphäre ein, durchqueren diese und erreichen die Erdoberfläche. Auf diese Weise werden sowohl die Atmosphäre wie auch der Erdboden und die Meere erwärmt. Der Erdboden und die Meere werfen einen Teil die-

ser Energie in Form von Infrarotwellen zurück. Die Treibhausgase halten wiederum einen Teil dieser von der Erdoberfläche reflektierten Infrarotwellen zurück. Sie sorgen so dafür, dass diese Wärme in der Atmosphäre bleibt. Die Temperaturen auf der Erde bleiben deshalb für Lebewesen angenehm. Nimmt nun die Konzentration an Treibhausgasen in der Atmosphäre zu, wird mehr Infrarotstrahlung davor zurückgehalten, ins Weltall zu entschwinden. Entsprechend steigen die Temperaturen auf der Erde. Die Parallelen zu einem Treibhaus, bei dem das Licht das Glas durchquert und dieses die Wärme zurückhält, sind augenfällig.

Es gibt verschiedene Treibhausgase in der Atmosphäre. Die wichtigsten sind Wasserdampf (H_2O), Kohlendioxid (CO_2), Distickstoffmonoxid oder Lachgas (N_2O), Methan (CH_4) und Ozon (O_3). Weitere Treibhausgase sind Schwefelhexafluorid (SF_6), Fluorkohlenwasserstoffe (HFC) und Perfluorcarbon (PFC). Alleine 60 Prozent der Treibhausgase aus menschlichen Quellen entfallen auf CO_2 und weitere 20 Prozent auf Methan. Letzeres wird bei der Verbrennung fossiler Energien und in der Landwirtschaft ausgestossen.

Die Treibhausgase verteilen sich unabhängig vom Ort ihrer Emission gleichmässig um den Globus. Der Einfluss, den die Klimaerwärmung auf einen bestimmten Ort hat, hängt also nicht von den dortigen Emissionen ab. Diese gleichmässige Verteilung der Treibhausgase um die Erde hat weitreichende politische Konsequenzen. Die Wirkung und die Verantwortung werden globalisiert. Ein bestimmtes Land bekommt die Folgen der Klimaerwärmung nicht aufgrund seiner eigenen Emissionen zu spüren, sondern wegen der Emissionen der gesamten Menschheit. Die Folgen zeigen sich aber in unterschiedlichem Grad. Ausschlaggebend dafür sind die geografischen und meteorologischen Gegebenheiten an einem bestimmten Ort.

Es soll hier nicht darum gehen, eine Zusammenfassung der Erkenntnisse zur Klimaerwärmung zu liefern. Vielmehr sollen die wirtschaftlichen und politischen Entscheide herauskristallisiert werden, die es zu fällen gilt. Aus diesem Grund werden nur jene Aspekte der Klimaerwärmung erläutert, die dazu am sachdienlichsten sind. Wer sich weiter in die Materie vertiefen will, greift am besten zur «Zusammenfassung für Entscheidungsträger», dem 2007 veröffentlichten Bericht des Zwischenstaatlichen Ausschusses für Klimaänderungen (IPCC, auch Weltklimarat genannt).[22] Trotz der Polemik, die es vor Kurzem um einige kleine Fehler in diesem 3000-seitigen Bericht gab, liefert er die beste Zusammenfassung der vorliegenden Forschungsergebnisse. Die Tatsache, dass das IPCC diese Fehler eingestanden und Vorkehrungen getroffen hat, damit sie sich nicht wiederholen, spricht für die Glaubwürdigkeit des Berichts. Dies kann man von der Kampagne der Erdöllobby nicht sagen, welche den Bericht in Misskredit bringen wollte. Es verwundert nicht, dass die Urheber dieser Kampagne von denselben Kommunikationsagenturen und neokonservativen US-Thinktanks unterstützt werden, die auch in den Kampagnen zur Bagatellisierung der Gefahren des Tabaks engagiert sind.[23]

Gestern und heute

Im Verlauf der geologischen Geschichte unseres Planeten hat sich das Klima oft verändert. Die Konsequenzen für die Tier- und Pflanzenwelt waren jeweils vernichtend: Im Zeitalter der Dinosaurier etwa waren die Temperaturen in unseren Breitengraden höher als heute. Umgekehrt war es bedeutend kälter, als das 1969 bei Le Brassus gefundene Mammut friedlich durch unsere Gegenden trottete. Diese Klimaschwankungen lassen sich vor allem durch astronomische Ursachen erklären: Die Kraft der Sonneneinwirkung war nicht immer gleich stark, vor allem stand die Erde nicht immer in derselben Position zur Sonne. Andere natürliche Ursachen wie Vulkanausbrüche spielten ebenfalls eine Rolle.

Die Wissenschaft ist sich einig darüber, dass wir uns heute in einer Phase der raschen klimatischen Erwärmung befinden und dass

---

22 IPCC, 2007. Der Weltklimarat wurde 1988 von der Weltorganisation für Meteorologie und dem Umweltprogramm der Vereinten Nationen ins Leben gerufen.
23 Siehe Sachs, J. D., 19. 2. 2010.

diese Erwärmung durch den Menschen verursacht wird. Innert vierzig Jahren stieg der mittlere Meeresspiegel als Folge der thermischen Ausdehnung[24] und des schmelzenden Treibeises um sieben Zentimeter. Die Durchschnittstemperaturen stiegen im Verlauf des 20. Jahrhunderts um 0,7 Grad:[25]

Eine Erwärmung des Klimasystems ist eindeutig, wie nun aus Beobachtungen der Anstiege der mittleren globalen Luft- und Meerestemperaturen, dem ausgedehnten Abschmelzen von Schnee und Eis sowie dem Anstieg des mittleren globalen Meeresspiegels ersichtlich ist. Die globalen atmosphärischen Konzentrationen von CO_2, Methan (CH_4) und Lachgas (N_2O) sind als Folge menschlicher Aktivitäten seit 1750 markant gestiegen und übertreffen heute die aus Eisbohrkernen über viele Jahrtausende bestimmten vorindustriellen Werte bei Weitem.

Der grösste Teil des beobachteten Anstiegs der mittleren globalen Temperatur seit Mitte des 20. Jahrhunderts ist sehr wahrscheinlich durch den beobachteten Anstieg der anthropogenen [vom Menschen verursacht, Anm. d. Verf.] Treibhausgaskonzentrationen verursacht. Wahrscheinlich hat im Durchschnitt über jedem Kontinent (mit Ausnahme der Antarktis) in den letzten fünfzig Jahren eine signifikante anthropogene Erwärmung stattgefunden.[26]

Zwischen 1970 und 2004 stiegen die menschlichen Treibhausgasemissionen weltweit um 70 Prozent. Heute entfallen 57 Prozent der gesamten Emissionen auf CO_2 aus der Verbrennung fossiler Energieträger. Die Landwirtschaft emittiert ebenfalls ziemlich grosse Mengen an Treibhausgasen. Dabei handelt es sich vor allem um Methan, welches wiederkäuendes Vieh bei der Verdauung produziert.

---

24 Thermische Ausdehnung: die Tatsache, dass eine Substanz sich ausdehnt und mehr Platz beansprucht, wenn sie erwärmt wird. Im Falle des Wassers hat dies ein Steigen des Meeresspiegels zur Folge.

25 IPCC, 2007, S. 2.

26 IPCC, 2007, Seiten 2, 5 und 6.

12   Änderungen von Temperatur und Meeresspiegel auf weltweiter Ebene sowie der Schneebedeckung in der nördlichen Hemisphäre[27]

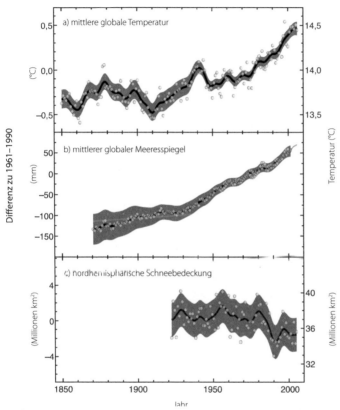

Auf der linken Achse entspricht die Null jeweils dem entsprechenden Mittelwert für den Zeitraum von 1961 bis 1990.

Die Böden und der Dünger geben ihrerseits Stickoxid frei. Die Entwaldung ist ein weiterer wichtiger Grund für das Ansteigen der CO_2-Konzentration: Der Kohlenstoff in den gefällten Bäumen endet wie jener in den Böden des tropischen Regenwalds in der Atmo-

_____

27 Quelle: © IPCC, 2007, S. 3.

sphäre. Darüber hinaus gibt es mit jedem gefällten Baum weniger Fotosynthese und damit weniger CO_2, das von Pflanzen gebunden wird.[28]

13   Weltweite Bilanz der Herkunft von Treibhausgasemissionen menschlichen Ursprungs[29]

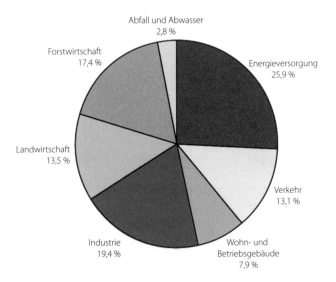

Abfall und Abwasser
2,8 %

Forstwirtschaft
17,4 %

Energieversorgung
25,9 %

Landwirtschaft
13,5 %

Verkehr
13,1 %

Industrie
19,4 %

Wohn- und
Betriebsgebäude
7,9 %

In dieser Grafik werden alle vom Menschen verursachten Treibhausgasemissionen berücksichtigt. Damit ein Vergleich möglich ist, werden die anderen Gase in sogenannte CO_2-Äquivalente umgerechnet. Es handelt sich um eine Standardisierung, bei der der Treibhauseffekt anderer Gase zu jenem des CO_2 in Bezug gesetzt wird. Dies ist deshalb notwendig, weil die verschiedenen Gase aufgrund ihrer molekularen Eigenschaften einen unterschiedlich grossen Treibhauseffekt haben. Mit der Energieversorgung ist vor allem die Stromproduktion gemeint. In diesem Bereich wachsen die Emissionen am stärksten. Deshalb ist es auch so wichtig, die Stromproduktion aus erneuerbaren Quellen auszubauen. Der andere grosse Wachstumsfaktor ist der Strassenverkehr. Bei den Gebäuden entstehen die Emissionen vor allem beim Heizen.[30]

---

28 Mehr dazu in: IPCC 2007-WGII, insbesondere Kapitel 8, S. 502.
29 Quelle: © IPCC, 2007, S. 6.
30 Quelle: IPCC 2007-WGIII, S. 104.

Die Prognosen des IPCC

Die Experten sind sich einig darin, dass es im jetzigen Stadium bereits zu spät ist, um die Klimaerwärmung noch zu stoppen. Denn die bereits ausgestossene Menge an CO_2 ist beträchtlich. Das Klimasystem ist wiederum sehr träge: Man denke nur an die Ozeane. Diese können zwar sehr viel Wärme absorbieren, benötigen aber auch eine gewisse Zeit, um sich zu erwärmen. Ein durchschnittlicher Anstieg der Temperaturen auf der Erde um 2 Grad gegenüber der vorindustriellen Zeit ist auch dann unvermeidbar, wenn sofort rigoroseste Massnahmen umgesetzt würden. Ohne derartige Massnahmen könnte die globale Erwärmung bis zum Ende des 21. Jahrhunderts 4 oder gar 6 Grad betragen. Tiefgreifende Veränderungen wären die Folge: In der Schweiz hätte eine Erwärmung um 6 Grad zur Folge, dass im Waadtländer Vallée de Joux auf 1000 m ü. M. dasselbe Klima herrschen würde wie heute am Genfersee. An dessen Ufer wiederum würden Temperaturen gemessen, wie wir sie heute vom südfranzösischen Languedoc her kennen. Zahlreiche Ökosysteme würden so auf den Kopf gestellt oder gleich ganz zerstört.

Das IPCC hat die Ergebnisse einer Vielzahl von Untersuchungen und Modellberechnungen zusammengefasst. Die Abbildungen 14 und 15 illustrieren die Ergebnisse gut.[31]

Die erste Grafik zeigt die jährlichen CO_2-Emissionen in Gigatonnen: Bis ins Jahr 2000 gibt es nur eine Kurve, welche den jährlichen CO_2-Ausstoss (ohne die übrigen Treibhausgase) aufzeigt. Danach gibt es für das 21. Jahrhundert verschiedene Szenarien, welche durch unterschiedliche Farben gekennzeichnet sind. Das grün unterlegte Szenario steht für eine schnelle Stabilisierung der Emissionen, auf die eine ebenso rasche Reduktion folgt. Gegen Ende des Jahrhunderts pendeln sich die Emissionen gar um den Nullpunkt ein. Im rot markierten Szenario wächst der CO_2-Ausstoss während

---

31 Quelle der Abbildungen 14 und 15: © IPCC, 2007, S. 25.

rund dreissig Jahren weiter an. Gegen Ende des Jahrhunderts sinken die Emissionen wieder auf das heutige Niveau. Das grau ge-
kennzeichnete Worst-Case-Szenario geht davon aus, dass sich unser
Verbrauch an fossilen Energien bis 2060 verdreifacht. Weil sich bereits heute abzeichnet, dass Erdöl und Erdgas knapp werden, würden diese Energieträger in diesem Szenario durch Kohle ersetzt.

**14   Prognosen des IPCC: Verschiedene Szenarien zur Entwicklung
der CO$_2$-Emissionen**

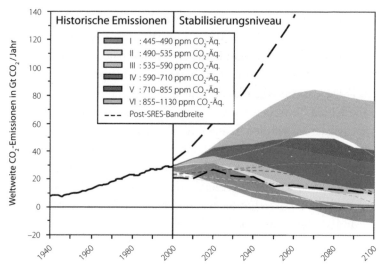

*Die schwarz gestrichelten Linien geben die Emissionsbandbreite neuer Referenz-
szenarien an, die nach 2000 veröffentlicht wurden. Ppm: parts per million bzw. Zahl
der Treibhausgasmoleküle auf eine Million Moleküle in der Atmosphäre.*

Die zweite Grafik zeigt die Situation für das Jahr 2100, wie sie für
die verschiedenen Szenarien von Abbildung 14 angenommen wird.
Die vertikale Achse gibt den Temperaturanstieg gegenüber der vorindustriellen Zeit an. Die horizontale Achse zeigt die CO$_2$-Konzen-
tration in der Atmosphäre an. Die dunkelblaue Kurve gibt den
Durchschnitt der Prognosen wieder. Demgegenüber steht die rote

Kurve für die höchste CO_2-Konzentration und die hellblaue Kurve für die niedrigste CO_2-Konzentration, welche prognostiziert werden.

Daraus ergeben sich folgende Schlussfolgerungen:

- Im grünen Szenario (Stabilisierung der Emission, gefolgt von einer raschen Reduzierung) steigt die Temperatur gegenüber der vorindustriellen Zeit um rund 2 Grad. Die Prognosen schwanken zwischen 1,5 und 3 Grad.

- Im roten Szenario (Mittelweg) steigt die Temperatur in der Grössenordnung von 4 Grad. Die CO_2-Konzentration liegt bei etwa 650 ppm, was fast einer Verdreifachung gegenüber der vorindustriellen Zeit entspricht.

- Unter Annahme des grau unterlegten Worst-Case-Szenarios, bei dem die CO_2-Emissionen weiter steigen, klettern die Temperaturen um rund 6 Grad.

15   Auswirkungen der Szenarien aus Abbildung 14 im Jahr 2100

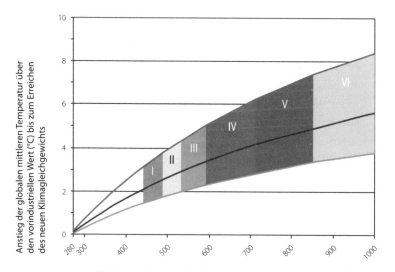

Die Klimaerwärmung weist zudem eine Eigendynamik auf, welche die Probleme noch verschärfen könnte. Dies sei anhand von zwei Beispielen illustriert:

- Schnee und Eis haben eine weisse Oberfläche, die das Sonnenlicht wie ein Spiegel zurückwirft. Die Energie des Lichts wird dabei nicht absorbiert und seine Wellenlänge nicht verändert. Als Folge der Klimaerwärmung könnte es dazu kommen, dass der Erdboden weniger oft verschneit ist. Ebenso könnte sich die Fläche an Eis auf der Erde verringern. Beides würde dazu führen, dass weniger Licht zurückgeworfen wird, die Erde mehr Sonnenstrahlen absorbiert und damit die Temperatur zusätzlich steigt. Die bereits eingetretene Klimaerwärmung beschleunigt also die künftige Erwärmung, indem durch sie die Schneedecke und die vereiste Oberfläche verkleinert werden.

- Würde die Klimaerwärmung den Permafrostboden in Sibirien auftauen, gäbe dieser beträchtliche Mengen an Methan frei. Er enthält grosse Mengen dieses Klimagases, das durch die Zersetzung organischer Materie im Boden entstanden ist. Dabei handelt es sich um ein Überbleibsel aus viel wärmeren Zeiten. Methan hat einen starken Treibhauseffekt. Auch auf diese Weise könnte also die Klimaerwärmung beschleunigt werden und andauern, auch wenn die menschlichen Emissionen von Treibhausgasen aufgehört haben.

Betrachtet man die Klimaerwärmung rein meteorologisch, so kann sie sehr verschiedene Formen annehmen. Dafür gibt es mehrere Gründe:

- Die Klimaerwärmung verläuft zeitlich und geografisch nicht gleichmässig. Sie ist gegen die Pole hin ausgeprägter, und ihre Auswirkungen sind je nach Jahreszeit unterschiedlich.
- Die Klimaerwärmung kann die Zirkulation in der Atmosphäre und damit Niederschlagsmuster und Winde verändern.
- Schwerste Umwälzungen können nicht ausgeschlossen werden.

Dazu gehört beispielsweise, dass Meeresströme plötzlich ihren Lauf wechseln oder dass die Polkappen schneller schmelzen.

- Die Ozeane, welche eine enorme Kapazität zur Wärmeabsorption haben, erwärmen sich langsamer.
- Das Ansteigen des Meeresspiegels hätte einen direkten Einfluss auf die Küstenregionen. Ab einigen Dutzend Zentimetern könnten die Auswirkungen für die dort lebenden Menschen katastrophal sein. Nun dürfte der Anstieg aber deutlich höher ausfallen. Nach neuesten Erkenntnissen könnte es mehr als ein Meter sein.[32] Die übrige Welt bekäme die Auswirkungen indirekt, aber ebenso deutlich zu spüren. Insbesondere gäbe es Migrationsströme der Menschen aus Küstenregionen.

Wer eine Gesamtsicht der Auswirkungen und eine Analyse nach Regionen sucht, findet diese in der Zusammenfassung des IPCC-Berichts. Das Beratende Organ für Fragen der Klimaänderung (OcCC) des Bundes hat seinerseits eine zusammenfassende Studie veröffentlicht, welche die Auswirkungen der Klimaerwärmung auf die Schweiz untersucht. Der Studie ist eine allgemein verständliche Zusammenfassung vorangestellt.[33] Ebenso hat die Schweizer Klimaexpertin Martine Rebetez ein Werk publiziert, das einen guten Überblick der möglichen Auswirkungen bietet.[34]

Die Prognosen des IPCC sind wohlfundiert und beruhen auf Szenarien, die aufgrund des derzeitigen Wissensstands wahrscheinlich sind. Niemand kann es sich also mehr leisten, diese Problematik zu ignorieren. Politik, Wirtschaft und Gesellschaft stehen vor der Wahl, wie sie weitergehen wollen.

---

32 Universität Kopenhagen, 2009, S. 10.
33 OcCC, 2007.
34 Rebetez, M., 2006.

Die Auswirkungen der Klimaerwärmung auf die Menschen

Grundsätzlich bekommen die Menschen die Klimaerwärmung auf drei Arten zu spüren:

1. *Unmittelbare «physische» Folgen:* Weil beispielsweise der Meeresspiegel steigt, werden bewohnte und genutzte Gebiete überschwemmt. Weitere unmittelbare Folgen sind Böden, die unstabil werden, Stürme, unerträgliche Temperaturen, Dürreperioden etc.

2. *Kurz- oder langfristige «biologische» Folgen:* tiefgreifende Veränderung gewisser Ökosysteme wie der Pole, des Tropenwalds oder der Tundra, Verlust von Biodiversität, Verschwinden oder Migration von Arten (einschliesslich der Parasiten).

3. *Auswirkungen auf die Lebensbedingungen der Menschen:* Diese werden durch die eben genannten «physischen» und «biologischen» Folgen verursacht: Reduktion der Agrarfläche, eingeschränkter Zugang zu Wasser, schlechtere sanitäre Verhältnisse und Wohnbedingungen etc.

Zwar kann eine Klimaerwärmung auch einige positive Effekte mit sich bringen. So dürften in heute relativ kalten Zonen die Erträge aus der Landwirtschaft wachsen, und es müsste weniger geheizt werden. Doch global gesehen bietet sich ein anderes Bild: Mittel- bis langfristig würden Hunderte von Millionen Menschen Gefahr laufen, sich eine neue Heimat suchen zu müssen. Da der Platz auf unserem Planeten beschränkt ist, bahnen sich hier enorme Konflikte an. Eine erzwungene Migration kann «physisch» ausgelöst werden, beispielsweise durch die Überschwemmung von Küstenland oder die Zerstörung von Kulturboden. Aber auch die fortschreitende Zerstörung von Ökosystemen kann das Wohlergehen zahlreicher armer und reicher Völker bedrohen und sie in die Migration zwingen.

Wie gut sich eine Gesellschaft dem Klimawandel anpasst, hat ebenfalls einen Einfluss auf die Auswirkungen für die Menschen: Je reicher sie ist, umso mehr verfügt sie über die Mittel dazu (vorausgesetzt, sie tut dies rechtzeitig). Umgekehrt könnte für grosse Teile der Menschheit die einzige realistische Überlebensstrategie die Migration sein. Auch deshalb ist es von entscheidender Bedeutung, wie schnell und in welchem Ausmass die Klimaerwärmung fortschreitet.

Der Klimawandel könnte uns jedoch auch in einem sehr wörtlichen Sinn teuer zu stehen kommen. In seinem im November 2006 publizierten Bericht zuhanden der britischen Regierung analysiert der Ökonom Nicholas Stern, ehemaliger Vizepräsident der Weltbank, die Kosten der Klimaerwärmung. Er fasst das Problem in wenigen Sätzen zusammen:

Der Klimawandel beeinflusst die Grundelemente des Lebens der Menschen in der ganzen Welt – Zugang zu Wasser, Lebensmittelproduktion, Gesundheit und die Umwelt. Hunderte Millionen Menschen könnten Hunger, Wasserknappheit und Küstenüberflutungen erleiden, während sich die Welt erwärmt.

Angesichts der Ergebnisse der formellen wirtschaftlichen Modelle schätzt das «Review», dass die Gesamtkosten und -risiken des Klimawandels, wenn wir nicht handeln, gleichbedeutend mit dem Verlust von wenigstens 5 Prozent des globalen Bruttoinlandsprodukts jedes Jahr, jetzt und für immer, sein werden. Wenn man eine breitere Palette von Risiken und Einflüssen berücksichtigt, dann könnten die Schadensschätzungen auf 20 Prozent oder mehr des Bruttoinlandsprodukts ansteigen.[35]

Lord Stern nennt eine Reihe wichtiger Punkte, die angegangen werden müssen, um dem Klimawandel Einhalt zu gebieten. Diese Schlussfolgerungen gelten im Übrigen nicht nur für die Klimafrage, sondern auch für die Problematik der fossilen Energien:

---

35 Stern Review on the Economics of Climate Change, November 2006, S. 1 der deutschen Kurzversion der Zusammenfassung der Schlussfolgerungen.

1. *Es ist immer noch Zeit, die schlimmsten Auswirkungen des Klimawandels zu vermeiden, wenn wir jetzt entschieden handeln.*
2. *Die Kosten für die Stabilisierung des Klimas sind erheblich, aber tragbar; Verzögerungen wären gefährlich und viel teurer.*
3. *Das Handeln gegen den Klimawandel ist für alle Länder nötig und braucht die Wachstumsambitionen reicher oder armer Länder nicht zu behindern.*
4. *Zum Reduzieren von Emissionen gibt es eine Reihe von Optionen; entschiedene, zielgerichtete Richtlinienaktion ist gefordert, um zu ihrer Aufnahme zu motivieren.*
5. *Klimawandel verlangt eine internationale Antwort auf der Basis eines gemeinsamen Verständnisses langfristiger Ziele und einer Vereinbarung eines Handlungsrahmens.*[36]

Das Wichtigste in Kürze

- Eine weltweite Erwärmung des Klimas um zwei Grad kann nicht mehr verhindert werden – auch nicht, wenn die Treibhausgasemissionen ab sofort drastisch reduziert werden.
- Ohne Gegenmassnahmen könnte sich das Klima bis zum Ende des 21. Jahrhunderts um sechs Grad erwärmen.
- Die Folgen einer solch raschen Erwärmung wären für die Ökosysteme und die Meeresspiegel dramatisch.
- Die Lebensbedingungen von Hunderten von Millionen Menschen wären bedroht. Dies hätte Migrationsströme zur Folge.
- Etwas gegen die Klimaerwärmung zu unternehmen, kostet weniger, als den Klimawandel hinzunehmen.

---

36 Stern Review on the Economics of Climate Change, November 2006, fünf der sechs Punkte, welche als Zwischentitel in der deutschen Kurzfassung der Zusammenfassung der Schlussfolgerungen stehen.

3 Kernkraft – eine schwerwiegende Hypothek

Die Kernenergie wird immer wieder als Lösung unserer klima- und energiepolitischen Probleme angepriesen. Als im November 2009 im Waadtland darüber abgestimmt wurde, ob der Kanton sich für eine unbefristete Betriebsbewilligung des Kernkraftwerks Mühleberg aussprechen sollte, verkündeten die Plakate der Befürworter: «La centrale qui protège le climat» («Das Kraftwerk, welches das Klima schützt»).

Die zivile Nutzung der Kernkraft dient in erster Linie dazu, Elektrizität zu produzieren. 13,5 Prozent der weltweiten Stromproduktion stammen aus Kernkraft. Zusätzlich wird ein kleiner Teil der Abwärme zum Heizen benutzt. In der globalen Energieversorgung spielt der Strom aus Kernkraft aber nur eine untergeordnete Rolle. Er erreicht einen Anteil von lediglich 2,4 Prozent der weltweit verbrauchten Nutzenergie.[37] Der Grund für diese Differenz liegt darin, dass die Elektrizität – nicht nur jene aus Kernenergie, sondern Strom ganz allgemein – nur einen kleinen Anteil am weltweiten Energieverbrauch einnimmt. In manchen Industrieländern spielt die Atomenergie indes eine wichtige Rolle. Die Schweizer Kernkraftwerke liefern 40 Prozent des in der Schweiz produzierten Stroms. Der Atomstrom stellt jedoch nur 10 Prozent der Nutzenergie, die in unserem Land verbraucht wird, da die Elektrizität nur

---

37 Diese Rechnung enthält einzig die effektiv verbrauchte Nutzenergie. Energie, die bei der Stromproduktion mit Kernkraft oder Kohle verloren geht, ist nicht berücksichtigt, weil sie nicht genutzt werden kann. Die Berechnungen basieren auf Zahlen der U.S. Energy Information Administration (EIA). Unabhängige Statistiken und Analysen: www.eia.doe.gov/emeu/international/contents.html.

einen Viertel des schweizerischen Energieverbrauchs ausmacht. In einzelnen anderen Ländern wie Frankreich ist der Anteil der Kernenergie am Strommix höher. Weltweit gesehen spielt die Kernkraft aber eine sehr marginale Rolle bei der Energieversorgung. Ihre Auswirkungen auf die Umwelt sowie die Sicherheit und die Gesundheit der Menschen sind jedoch gravierend.

Die Funktionsweise eines Kernkraftwerks

Ein Kernkraftwerk gleicht in mehrfacher Hinsicht einem Kohlekraftwerk: In beiden Fällen wird eine Reaktion ausgelöst, die Wärme entfaltet und auf diese Weise Dampf erzeugt. Mittels des Dampfes wird eine Turbine angetrieben, welche an einen elektrischen Generator angeschlossen ist. Dieser wiederum erzeugt Strom, der ins Netz eingespeist wird. Der Unterschied zwischen den beiden Kraftwerkstypen besteht in der Reaktion, mittels derer die Wärme erzeugt wird: In einem Kohlekraftwerk wird dazu Kohle verbrannt, was CO_2 und andere atmosphärische Schadstoffe freisetzt. In einem Kernkraftwerk entsteht die Wärme durch die Kernumwandlung von Uran-Atomen. Hierbei fällt verschiedene radioaktive Materie als Abfall an.

Wie Kohlekraftwerke benötigen auch Kernkraftwerke ein Kühlungssystem. In der Regel besteht dieses aus einem Turm, in dem das Wasser eines Flusses verdampft wird. Aus physikalischen Gründen kann nur ein Drittel der Energie, die in einem Kernkraftwerk produziert wird, in Elektrizität umgewandelt werden. Die übrig bleibende Wärme muss in die Atmosphäre, in einen Fluss oder ins Meer abgegeben werden. Unter günstigen Bedingungen kann im Winter manchmal ein Teil dieser übrig bleibenden Energie als Fernwärme zum Heizen genutzt werden. Je nachdem, ob man die produzierte Energie (2,4 Prozent der weltweit verbrauchten Nutzenergie) oder die bei der Kernreaktion freigesetzte Primärenergie (5,9 Prozent der weltweiten Produktion) als Massstab nimmt, wächst der Anteil der

Kernkraft an der gesamten Energieproduktion um das Dreifache an. Die Differenz zwischen beiden Werten entspricht jener Energie, die als ungenutzte Wärme verpufft.

Das Risiko einer radioaktiven Verschmutzung

Um ein Kernkraftwerk nutzen zu können, muss die radioaktive Materie vor und nach dem eigentlichen Betrieb mehrfach aufbereitet werden. Bei jeder Aufbereitung besteht ein unterschiedlich grosses Risiko, dass Radioaktivität oder ionisierende Strahlung freigesetzt wird:

- Zuerst muss das *Uranerz abgebaut* und daraus das Uran extrahiert werden. In diesem Stadium ist die radioaktive Strahlung noch gering. Für die Bergarbeiter ist es jedoch schwierig, sich vor radioaktivem Staub und Gas zu schützen. Zudem bleiben die schwach radioaktiven Erzabfälle vor Ort liegen und kontaminieren so die ganze Region.
- In einem nächsten Schritt muss das *Uran angereichert* werden, denn natürliches Uran enthält weniger als ein Prozent des radioaktiven Isotops U235, welches in hoher Konzentration vorhanden sein muss, damit die Kernreaktion überhaupt in Gang kommt. Die heikle Arbeit der Anreicherung besteht darin, die Konzentration dieses Isotops zu erhöhen. Dazu sind die berühmten Zentrifugen notwendig, für die sich der iranische Präsident Ahmadinedschad so sehr interessiert. 80 Prozent des behandelten Urans fallen am Ende dieses Prozesses als Abfall an. Dieses sogenannte abgereicherte Uran ist sehr schwer und wird deshalb manchmal verwendet, um Panzer zu verkleiden. Es wird aber auch für die Projektile von panzerbrechender Munition benutzt, was erklärt, dass manchmal bei konventionellen militärischen Konflikten eine radioaktive Strahlung gemessen werden kann.

- Bevor das angereicherte Uran jedoch als Brennstoff genutzt werden kann, muss es noch *chemisch behandelt* werden, damit sich Urandioxid bildet. Dieses wird zu kleinen zylinderförmigen Gebilden verarbeitet, die in den Brennstäben der Kernkraftwerke genutzt werden. In diesem Stadium ereignete sich 1999 der Unfall im japanischen Tokaimura.
- Nun folgt die *Nutzung als Brennstoff.* Dabei werden die Uranatome gespalten, um Wärme in Form von Dampf zu erzeugen. Etwa ein Drittel der Energie, die in diesem Dampf enthalten ist, kann in Elektrizität umgewandelt werden. Ausser den Gefahren beim Betrieb eines Kernkraftwerks, die zur Katastrophe von Tschernobyl geführt haben, besteht auch ein Risiko beim regelmässigen Ersetzen der Brennstäbe. Funktioniert ein Kernkraftwerk einwandfrei, gibt es ein wenig Radioaktivität an die Umgebung ab.[38]
- Abgebrannte Brennstäbe müssen *für die Lagerung wiederaufbereitet* werden. Bei diesem Prozess kann Plutonium zum Bau einer Atombombe gewonnen werden – es stellt eines der Nebenprodukte bei der atomaren Reaktion im Kraftwerk dar. Die zivile Nutzung der Kernkraft ermöglicht also den Bau von Nuklearwaffen. Die Wiederaufbereitung der Brennstäbe ist ein komplexer und gefährlicher Prozess. Aus der französischen Anlage in La Hague am Ärmelkanal etwa entweicht regelmässig Radioaktivität ins Meer und in die Atmosphäre.[39]
- *Die Demontage eines Kernkraftwerks,* dessen Lebensdauer zu Ende ist, gestaltet sich komplex und teuer. Dabei entstehen wiederum grosse Mengen an mehr oder weniger radioaktivem Abfall, denn die Kernspaltung kontaminiert die Baumaterialien eines Kernkraftwerks (Beton, Stahl etc.).
- Schliesslich endet der Zyklus mit der Lagerung der *radioaktiven Abfälle.* Für jene Abfälle, die stark radioaktiv sind oder die eine

---

38 Siehe Piller, G., 29.10.2009.
39 Greenpeace Frankreich, 2009.

sehr lange Halbwertszeit[40] aufweisen, gibt es derzeit keine Lösung. Die Halbwertszeit von Plutonium 239 liegt beispielsweise bei 24 100 Jahren. Ehe seine radioaktive Strahlung vernachlässigbar klein wird, verstreicht zehnmal so viel Zeit – also ganze 241 000 Jahre. Selbst wenn radioaktive Abfälle unter der Erde gelagert werden, ist es schwierig, während so langer Zeit sichere gesellschaftliche und geologische Bedingungen zu garantieren. Diese Probleme zeigen sich auch in der Debatte, wie geologische Endlager konzipiert werden sollen: Manche Expertinnen und Experten sind der Ansicht, der Zugang zu Endlagern müsse unwiderruflich verschlossen werden, um künftige Generationen zu schützen. Andere Stimmen raten dazu, den Zugang zum Lager zu gewährleisten und dessen Pläne aufzubewahren. So sollen unsere Nachkommen mögliche Probleme in einem Endlager beheben können. Dabei stellt sich aber auch die Frage, ob unsere Nachkommen in 100 000 Jahren die Etiketten der Fässer entziffern können, in denen die Abfälle aufbewahrt sind. Wir haben ja bereits Mühe, Hieroglyphen zu entziffern, die «lediglich» 4000 Jahre alt sind. Und halten diese Etiketten der Zeit überhaupt stand? Alleine schon wegen der Abfälle ist es also unvorstellbar, die Nutzung der Kernenergie auszubauen. Eine solche Bürde können wir künftigen Generationen nicht hinterlassen. Das Desaster im ehemaligen Salzbergwerk Asse in Niedersachsen zeigt die Probleme bei der Lagerung radioaktiver Abfälle: 126 000 Fässer, die hier endgültig hätten untergebracht werden sollen, führten schon dreissig Jahre nach der Einlagerung zu ernsthaften Problemen.[41]

Dazu gesellt sich das Transportproblem: Bei jeder dieser Etappen müssen die radioaktiven Substanzen in der Regel von einem Ort

---

40 Die Halbwertszeit einer radioaktiven Substanz ist die Zeit, die verstreicht, bis die Radioaktivität auf die Hälfte abklingt.
41 Siehe Versieux, N., 29. 6. 2010.

zum anderen gebracht werden. Auch hierbei besteht jedes Mal ein
Risiko.

Die Auswirkungen der Radioaktivität auf die Gesundheit der
Menschen[42] hängen davon ab, wie stark die Strahlung ist, der jemand ausgesetzt ist. Eine sehr starke Dosis löst die sogenannte
Strahlenkrankheit aus. Diese äussert sich in Symptomen wie Durchfall, Erbrechen, starken Blutungen und Delirium. Oft führt sie nach
wenigen Tagen oder Wochen zum Tod.[43] In der Regel erkranken
Menschen an der Strahlenkrankheit, wenn beim Umgang mit radioaktiven Substanzen Fehler begangen oder wenn sie bewusst einer
Strahlung ausgesetzt werden. Die Opfer sind dann einer sehr starken künstlichen Strahlung preisgegeben, die sich zudem sehr nahe
von ihnen befindet. Zahlreiche Pioniere, die die Radioaktivität erforschten, starben an der Strahlenkrankheit. Dieses Schicksal teilten
auch jene Personen, die zum Zeitpunkt der Katastrophe im Kernkraftwerk von Tschernobyl arbeiteten. Viele sogenannte «Liquidatoren» – die Helfer, die unmittelbar nach dem Unfall intervenierten –
starben ebenfalls an der Strahlenkrankheit. Demgegenüber ist
natürliche Radioaktivität nicht stark genug, um die Krankheit auszulösen.

Eine mittlere oder schwache Dosis kann unterschiedliche Auswirkungen zeitigen: Die Strahlung beschädigt das Erbgut einer gewissen Anzahl von Zellen. Dadurch steigen das Krebsrisiko und die
Gefahr genetischer Mutationen. Grössere Bevölkerungsgruppen
sind von solchen Gefahren bedroht. So sind die Angestellten und
die Anwohner von Kernkraftwerken auch bei normalem Betrieb
einer schwachen, aber konstanten Strahlung ausgesetzt. Aus demselben Grund sind auch der Abbau des Uranerzes und die Wiederaufbereitung sehr problematisch. Kommt es bei der Nutzung der
Kernkraft zu einem Zwischenfall, kann eine grosse Anzahl von
Menschen betroffen sein. Dabei denken viele Leute in erster Linie

---

42 Gute Übersicht in BAG, Radioaktivität und Strahlenschutz, undatierte Broschüre.
43 Siehe http://de.wikipedia.org/wiki/Strahlenkrankheit.

an einen Unfall, bei dem Radioaktivität in die Aussenwelt gelangt. Doch viel öfter treten Probleme bei der Lagerung und dem Transport der Abfälle auf. So fand man beispielsweise vor Kurzem europäische Nuklearabfälle, die in einer sibirischen Stadt auf einem Parkplatz im Freien gelagert wurden.[44]

Der Unfall von Tschernobyl

Im Bereich der zivilen Nutzung von Kernenergie wurde die grösste radioaktive Strahlung der Menschheitsgeschichte 1986 freigesetzt, als es im sowjetischen Kraftwerk Tschernobyl (heutige Ukraine) zu einem verhängnisvollen Unfall kam. Dabei zeigten sich die Gefahren der Kernkraft auf dramatische Weise. Die Folgen der Katastrophe werden sehr unterschiedlich eingeschätzt. In einigen Punkten sind sich indes alle Experten einig:

- Eine Zone von etwa 30 Kilometern um das Kernkraftwerk wurde durch die radioaktive Wolke unbewohnbar gemacht. Die Strahlung war bis nach Westeuropa spürbar.
- 250 000 Menschen wurden in den Tagen nach dem Unfall evakuiert. Sie konnten nie wieder an ihren Heimatort zurückkehren.
- 600 000 bis 800 000 Personen nahmen an der sogenannten «Liquidation» teil. So wurde die ziemlich notdürftige Sicherung des havarierten Kernkraftwerks bezeichnet. Die ersten «Liquidatoren» starben fast alle einen schnellen Tod. Ihre Arbeit trug wesentlich dazu bei, dass die Katastrophe nicht noch schlimmer wurde und noch mehr radioaktive Strahlung verbreitet wurde.
- Fünf Millionen Menschen leben noch heute in Zonen, in denen die radioaktive Strahlung höher ist als normal. Gemäss dem Schweizer Nationalrat Jacques Neirynck, der bei einem Besuch in Weissrussland Zugang zu informellen Quellen aus der Verwaltung hatte, muss dieses Nachbarland der Ukraine einen Viertel seines

---

44 Noualhat, L., 17.10.2009.

Staatsbudgets dafür aufwenden, um die Folgen des Unfalls zu bewältigen.[45]

- Hingegen ist man sich nicht einig darüber, wie viele Menschen bei der Katastrophe ums Leben kamen. Die Angaben schwanken je nach Quelle zwischen 4000 und 200 000 Toten. Unter den Evakuierten und den «Liquidatoren» wurden eine Zunahme der Krebserkrankungen, Missbildungen, Fehlgeburten und Wachstumsstörungen festgestellt. Die Schätzungen über die Zahl dieser Erkrankungen gehen ebenfalls weit auseinander. Der Wikipedia-Artikel zu diesem Thema[46] zeigt die unterschiedlichen Meinungen sehr gut auf. Diese erklären sich zum einen dadurch, dass wirtschaftliche Interessen im Spiel sind. Zudem gibt es auch keine seriösen Untersuchungen von offizieller Seite. Ein weiteres Problem besteht darin, dass sich die Konsequenzen, unter denen die Betroffenen und ihre Nachkommen leiden, erst mit der Zeit immer mehr zeigen. Generell kann gesagt werden, dass die betroffene Bevölkerung körperlich, psychisch und wirtschaftlich enorm gelitten hat. Und das Leiden dauert an, denn gewisse gesundheitliche Probleme werden erst nach Jahren sichtbar.

- Glücklicherweise heisst dies nicht, dass mit den übrigen rund 440 Kernkraftwerke auf der Welt dasselbe geschehen wird. Der Fall Tschernobyl war wohl einzigartig, weil zwei ausserordentliche Risikofaktoren zusammenkamen: die Gefährlichkeit eines veralteten Kraftwerkstyps und ein erhöhtes Mass an Fahrlässigkeit. Tschernobyl mahnt uns jedoch, welches die Folgen eines zivilen Nuklearunfalls sein können. Dabei muss man sich auch stets vor Augen halten, dass dieser Unfall in einer dichter besiedelten Gegend noch viel schlimmere Folgen gehabt hätte. Ein modernes

---

45 Quelle: Neirynck, J., 2009.
46 http://de.wikipedia.org/wiki/Katastrophe_von_Tschernobyl.

Kernkraftwerk ist selbst dann nicht vollständig vor einer solchen Katastrophe gefeit, wenn es über eine Stahlbetonhülle verfügt, wie sie in Tschernobyl fehlte.

Die Folgen eines drastischen Ausbaus der Kernenergie

Die Befürworter der Kernenergie stellen diese gerne als Allheilmittel für die Lösung der Energie- und Klimaprobleme dar: Kernenergie ist ihrer Ansicht nach die einzige (oder doch wichtigste) Möglichkeit, um die fossilen Energien zu ersetzen – sei es direkt, um Strom zu erzeugen, oder indirekt wie bei der Elektromobilität. Die drei Hauptargumente, die die Kernenergie-Befürworter ins Feld führen:

1. Die Uranressourcen seien unerschöpflich.
2. Die Kernenergie biete keine grösseren Umwelt- und Sicherheits probleme.
3. Kernkraftwerke würden kein CO_2 ausstossen.

Bevor die Stichhaltigkeit dieser Argumente untersucht werden soll, müssen unbedingt die Grössenordnungen erläutert werden, um die es hier geht. Will man weltweit voll auf Stromproduktion aus Kernenergie setzen, bedingt dies einen raschen Ausbau dieser Technologie. Derzeit stammen lediglich 13,5 Prozent des weltweit produzierten Stroms aus Kernkraft. Will man also die rund 66 Prozent fossilen Stroms auf diese Weise ersetzen, müsste die aktuelle Produktion verfünffacht werden. Da die Elektrizität aber nur einen kleinen Teil der heute verbrauchten Gesamtenergie ausmacht, müsste die Produktion aus Kernenergie noch bedeutend stärker intensiviert werden, um die gesamte fossile Energie zu ersetzen. Dazu wäre eine zwanzig- bis dreissigmal höhere Kernenergieproduktion als heute notwendig. Wenn die Energieeffizienz nicht verbessert wird, müssten es gar fünfzigmal mehr sein.

Uran ist eine begrenzte Ressource

Uran kommt in der Natur in der Tat häufig vor, im Allgemeinen jedoch in sehr schwacher Konzentration. Deshalb begann man damit, zuerst die ergiebigsten Adern abzubauen. Wenn diese erschöpft sind, wird man Erz abbauen müssen, das weniger Uran enthält. Dies ist teuer und frisst mehr Energie. Die Uranförderung stösst schon heute an ihre Grenzen, und man spricht bereits vom «Peak Uran».[47] Derzeit ist dieses Problem kaum ein Thema, da wir zurzeit noch die militärischen Uranvorräte aufbrauchen. Diese wurden während des nuklearen Wettrüstens im Kalten Krieg angehäuft. Setzt man jedoch ganz auf Kernkraft, wäre die Frage der Uranressourcen von entscheidender Bedeutung.[48] Aus genau diesem Grund versuchen die Produzenten von Kernenergie auch, um jeden Preis Kraftwerke zu bauen, die ohne angereichertes Uran funktionieren. Sie wollen den «Peak Uran» hinausschieben. Um den Uranmangel zu umgehen, haben die Kernenergieproduzenten während langer Zeit auf sogenannte Brutreaktoren gesetzt. Diese äusserst gefährliche Technologie benutzt Plutonium, das in herkömmlichen Kernkraftwerken anfällt, und benötigt Tausende von Tonnen an flüssigem Natrium zur Kühlung. Plutonium ist ein künstliches Element, das noch viel gefährlicher und giftiger als Uran ist. Natrium, das sehr stark erhitzt wird, ist seinerseits extrem schnell entflammbar. Ein solcher Brand könnte nicht gelöscht werden. Diese Art der Nutzung von Kernenergie fand ihr Ende, als der französische Brutreaktor Superphénix in Creys-Malville vor den Toren von Genf wirtschaftlich und technisch Schiffbruch erlitt und 1998 endgültig stillgelegt wurde. Vor Kurzem lancierte Bill Gates, der Gründer von Microsoft, die Entwicklung von Minireaktoren mit abgereichertem Uran. Diese sollen sicherer sein und an verschiedensten Standorten auf der ganzen Welt aufgebaut werden können.[49]

---

47 Siehe Energy Watch Group / Ludwig-Bölkow-Stiftung, 2006.
48 Chevalley, I., und Bonnard, P., 16.6.2008.
49 Goudet, J.-L., 24.3.2010.

Die Risiken würden enorm steigen

Derzeit liefern die Kernkraftwerke, die rund um unseren Planeten in Betrieb sind, 2,4 Prozent der Energie, die die Menschheit verbraucht. Selbst in diesen kleinen Massstäben und obwohl die Kernkraftwerke in den Industrieländern konzentriert sind, treten riesige Probleme auf. Eine weltweite Strategie, die ganz auf Kernkraft setzt, wäre deshalb aus mindestens drei Gründen problematisch:

1. Setzt man ganz auf Kernkraft, müssten die Kraftwerke gleichmässig auf der Erde verteilt werden. Doch das Risiko eines Unfalls kann nur eingeschränkt werden, wenn in einem Land eine hohe soziale und politische Stabilität vorherrscht. Eine solche Strategie liefe zudem den Anstrengungen zuwider, die Verbreitung von Kernwaffen zu verhindern.

2. Gemäss den Gesetzen der Wahrscheinlichkeitslehre würde eine Verteilung von Kernreaktoren über die ganze Welt im günstigsten Fall dazu führen, dass sich die Zahl der Zwischenfälle proportional vervielfacht. Im schlimmsten Fall aber wäre es eine überproportionale Zunahme, weil die Voraussetzungen in manchen Ländern sehr ungünstig sind. Im Zusammenhang mit der Katastrophe von Tschernobyl wurden die Befürworter der Kernkraft nie müde zu betonen, wie fahrlässig man mit dieser Technologie in der ehemaligen Sowjetunion umgegangen sei. Doch wer sagt, dass die Fahrlässigkeit eines Tages nicht auch anderswo Einzug halten könnte?

3. Bei einem drastischen Ausbau der Kernkraft würde die Lagerung der Abfälle zu einem noch gravierenderen Problem, als es heute schon ist. Da es weder eine dauerhafte noch bezahlbare Lösung gibt, ist es wahrscheinlich, um nicht zu sagen gewiss, dass aus banalen wirtschaftlichen Gründen fahrlässig mit den Abfällen umgegangen würde. Denn wäre es nicht verführerisch für die Betreiber eines Kernkraftwerks, ihre Abfälle gegen gutes Geld der lokalen Mafia zu überlassen?

In Zeiten ohne grosse Atomunfälle mögen einem die Umweltprobleme dieser Technologie beschränkt vorkommen – zumindest im Vergleich mit der Klimaerwärmung. Sie würden hingegen überproportional wachsen, wenn die Nutzung drastisch ausgebaut würde. Und sehr schnell wären wir auch mit ebenso grossen, ja sogar grösseren Problemen in Klimafragen konfrontiert.

Kernkraft ist nicht CO_2-neutral
Ein Kernkraftwerk stösst auf direktem Weg so gut wie kein CO_2 aus. Während des Betriebs resultieren die einzigen Emissionen aus Hilfsprozessen wie dem Transport oder dem Betrieb der Notgeneratoren. Die Befürworter behaupten deshalb, Kernkraft sei klimaneutral.

Betrachtet man jedoch den gesamten Lebenszyklus eines Kraftwerks vom Uranabbau über die Anreicherung, den Bau, den Betrieb, das Back-up und den Abbruch, sind die gesamten CO_2-Emissionen pro kWh alles andere als vernachlässigbar. Der Forscher Benjamin Sovacool analysierte 103 Studien zu diesem Thema und fasste die 19 verlässlichsten zusammen. Sie mussten neue und zugängliche Daten umfassen sowie eine transparente Methodik aufweisen. Aufgrund dieser Studien kann man sagen, dass die durchschnittlichen Emissionen eines Kernkraftkraftwerks unter den derzeitigen Produktionsbedingungen bei 66 Gramm CO_2 pro kWh liegen.[50] Je nach den zugrunde gelegten Hypothesen schwanken die Resultate sehr stark. Einen grossen Einfluss auf die Ergebnisse haben die Urankonzentration in den Minen, die Anreicherungsmethode und die Frage, ob bei der Anreicherung fossile oder nicht fossile Energien benutzt werden. Dabei gilt es zu beachten, dass die Emissionen der Kernkraft nicht direkt in der CO_2-Statistik der Betriebsjahre auftauchen. So werden die Emissionen für den Beton, der beim Bau eines Kraftwerks verwendet wird, in den Jahren vor

---

50 Sovacool, B. K., 2008.

der Inbetriebnahme in den Statistiken aufgeführt. Und sie erscheinen in den Abrechnungen jener Länder, in denen der Beton hergestellt wurde.

Sovacool zieht einen Vergleich mit einem Gas-Kombikraftwerk, das während seines ganzen Lebenszyklus rund 400 g CO_2 pro kWh ausstösst. Bei einem Kohlekraftwerk sind es 1000 g CO_2 pro kWh. Die Analyse des Lebenszyklus eines Windkraftwerks ergab 10 g. Und bei Sonnenkollektoren in Gegenden mit starker Sonneneinstrahlung belief sich dieser Wert auf 32 g – auch hier jeweils während des gesamten Zyklus.

Storm van Leeuwen und Smith,[51] die Autoren einer der neunzehn Studien, die Sovacool als verlässlich einstufte, zeigen ausserdem auf, dass eine drastische Ausweitung der Kernenergienutzung auch einen starken Anstieg der CO_2-Emissionen zur Folge hätte. Denn in diesem Fall müsste Uran in grossen Mengen gefördert und angereichert werden. Dazu müsste Granit zermahlen werden, der nur kleine Mengen an Uran enthält, was sehr viel Energie benötigen würde. Storm van Leeuwen und Smith errechneten einen Wert von insgesamt 250 g CO_2 pro kWh. Dies ist nicht mehr sehr weit vom Ausstoss eines Gas-Kombikraftwerks entfernt. Unter diesen Voraussetzungen kann nicht die Rede davon sein, dass Kernkraft klimaneutral sei, auch wenn dabei weniger CO_2 ausgestossen wird als bei der fossilen Stromproduktion. Die Waadtländerinnen und Waadtländer liessen sich denn auch von der Propaganda, die eingangs dieses Kapitels erwähnt wurde, nicht irreführen. Sie sprachen sich mit 64 Prozent der Stimmen gegen eine unbefristete Betriebsbewilligung für das Kernkraftwerk Mühleberg aus.

---

51 Storm van Leeuwen, J. W., und Smith, P., 2008.

Eine gravierende Verschmutzung durch eine andere ersetzen?

Derzeit wird die Kernenergie nicht als ein derart akutes Problem wie die Klimaerwärmung wahrgenommen. Dies erklärt sich dadurch, dass sie in der weltweiten Versorgung im Vergleich zu fossilen Energien nur eine sehr marginale Rolle einnimmt. Hinzu kommt, dass der letzte gravierende Unfall in einem Kernkraftwerk auf das Jahr 1986 zurückgeht. Wenn die Wahrscheinlichkeit einer solchen Katastrophe glücklicherweise auch gering ist, wären die Folgen doch dramatisch, wie der Fall Tschernobyl gezeigt hat. Die Kernenergie stellt zudem eine Zeitbombe für die Umwelt und die Gesundheit der Menschen dar, weil die Halbwertszeiten der Abfälle so lang sind.

Die internationale Aufmerksamkeit im Zusammenhang mit Atomkraft konzentriert sich vor allem auf die Weitergabe von Kernwaffen. Die Bemühungen, diese einzuschränken, zeitigten jedoch mehr als zwiespältige Ergebnisse: Ausser den fünf Mitgliedern des UNO-Sicherheitsrates besitzen drei weitere Staaten die Atombombe, und eine Handvoll weiterer Länder versucht, in den Besitz von Atomwaffen zu gelangen.

Aus all diesen Gründen ist die Kernenergie keine nachhaltige und zumutbare Lösung für unsere Klima- und Energieprobleme. Angesichts der Risiken des Klimawandels auf die Kernkraft zu setzen, hiesse, den Teufel mit dem Beelzebub auszutreiben. Es wäre absurd, eine gravierende Umweltverschmutzung durch eine andere zu ersetzen. Es ist nicht notwendig, sämtliche Kernkraftwerke umgehend abzuschalten. Aber wir müssen alles dafür unternehmen, damit wir in Zukunft ohne diese Energiequelle auskommen. Diese Feststellung ergibt sich auch aus den beiden ersten Prinzipien des Strahlenschutzes:

1. *Gerechtfertigte Strahlenexpositionen müssen so niedrig gehalten werden wie vernünftigerweise erreichbar (englisch: «as low as reasonably achievable» bzw. ALARA-Prinzip).*

2. *Strahlenexpositionen müssen gerechtfertigt sein, indem die da-*

mit verbundenen Vorteile grösser sind als deren Nachteile. Die Entscheidung liegt im Kompetenzbereich der Bewilligungsbehörde.[52]

Von jenem Moment an, da erneuerbare Energien eine vollwertige, zugängliche und breit gefächerte Alternative darstellen (s. Kapitel 6), gebietet uns das Vorsorgeprinzip klar, auf die Kernenergie zur Stromerzeugung zu verzichten – insbesondere in einem derart dicht besiedelten Land wie der Schweiz. Erneuerbare Energie und Energieeffizienz sind klar vorzuziehen. Zieht man alle Faktoren in Betracht, stellt die Kernenergie ein Problem und keine Lösung dar.

Das Wichtigste in Kürze

- Kernkraftwerke produzieren 13,5 Prozent der jährlich weltweit benötigten Elektrizität. Dies entspricht gerade einmal 2,4 Prozent der gesamten Endenergie, die die Menschheit verbraucht. In der Schweiz liegen diese Anteile bei 40 respektive 10 Prozent.
- Die Nutzung der Kernenergie ist mit übermässigen Risiken für die Gesundheit und die Umwelt verbunden.
- Niemand kann die sichere Lagerung von Nuklearabfällen über Tausende und Abertausende von Jahren garantieren.
- Ein drastischer Ausbau der Kernenergie auf der ganzen Welt wäre sicherheitstechnisch unkontrollierbar und würde der militärischen Nutzung Vorschub leisten.
- Die Menge an leicht zugänglichem Uran ist begrenzt.

---

52 BAG, 31.3.2006.

4 Die Notwendigkeit zu handeln

Wer sich näher mit der Energie- und Klimaproblematik befasst, kommt zu ziemlich düsteren Schlussfolgerungen: Die Menschheit steuert geradewegs auf eine Katastrophe zu, wenn sie ihren bisher eingeschlagenen Weg weiterverfolgt. Die gesellschaftlichen und wirtschaftlichen Folgen einer derartigen Katastrophe wären noch viel gravierender als die ökologischen Auswirkungen. Wir laufen nämlich Gefahr, dass sich unsere Lebensbedingungen stark verschlechtern. Die Energie- und Klimaproblematik verschärft somit die bestehenden Spannungen auf der Welt. Die unbedachte Verbrennung von Erdgas, Erdöl und Kohle, bisher das Fundament unseres Wohlstands, droht zum Bumerang zu werden.

Während mehrerer Jahrzehnte blendeten die Ökonomen völlig aus, dass der Wohlstand zu einem grossen Teil von der Umwelt und den natürlichen Ressourcen abhängt. Die traditionelle Volkswirtschaftslehre hob in früheren Zeiten stets hervor, wie wichtig für den Wohlstand die «natürlichen Ressourcen» bei der Produktion von Gütern sind. Demgegenüber erwecken gewisse Ökonomen die Illusion, der Markt könne sämtliche Produktionsfaktoren – darunter auch Energie, Raum, Rohstoffe etc. – grenzenlos vervielfachen. Insbesondere die mengenmässige Begrenztheit der fossilen Energiequellen ist diesen Ökonomen völlig fremd. Nun stösst aber auch die Wirtschaft an die Grenzen der Realität.

Unternimmt man nichts, um aus dieser energiepolitischen Sackgasse zu kommen, werden bewaffnete Konflikte um den Zugang zur Energie unweigerlich folgen. Ein eigentlicher Kampf ums Überleben wird einsetzen. Als Folge dieser Konflikte blieben für den Einzelnen kleinere Stücke des Kuchens übrig, und der Lebensstandard würde weltweit sinken. Zudem machten es die Auseinandersetzungen noch schwieriger, rationale und konstruktive Lösungen durchzusetzen. Das alles könnte eine Negativspirale in Gang setzen.

Doch die Katastrophe ist vermeidbar. Die Menschheit kann das Problem rational angehen, weil sie über das notwendige Wissen und die notwendige Vernunft verfügt. Gewisse Entwicklungen der letzten Zeit erleichtern die Suche nach Lösungen:

- Das Bevölkerungswachstum hat sich stark verlangsamt. Im besten Fall pendelt sich die Weltbevölkerung 2040 bei 8 Milliarden Menschen gegenüber heute 6,8 Milliarden ein. Es kann jedoch nicht ganz ausgeschlossen werden, dass die Weltbevölkerung bis 2050 gar auf 10,5 Milliarden Menschen anwächst (vgl. Kasten Seite 72).

- Die Energieeffizienz scheint zu wachsen: Um eine Einheit eines Gutes zu produzieren, wird immer weniger Energie benötigt.[53] Der absolute Energieverbrauch steigt indes weiter an.

- Das Bildungs- und Entwicklungsniveau verbessert sich fast überall auf der Erde. Dies erleichtert es, das Bevölkerungswachstum in den Griff zu bekommen. Andererseits erhöht sich so aber auch die wirtschaftliche Tätigkeit und damit die Klimabelastung, da das an sich positive Wirtschaftswachstum zur Folge hat, dass mehr Energie verbraucht wird.

- Schliesslich begreifen die Völker auf unserem Planeten nach und nach, dass wir der Umwelt Sorge tragen müssen: So beginnen die grossen Metropolen, den öffentlichen Verkehr auszubauen, und bemühen sich, ihre Abfallprobleme in den Griff zu bekommen.

Diese erfreulichen Entwicklungen sind kein Zufall. Sie sind die Folge der täglichen Anstrengungen von Milliarden von Menschen. Aber sie resultieren auch aus intelligenten politischen Entscheiden auf lokaler, nationaler und internationaler Ebene. Darin zeigt sich,

---

53 Quelle: U.S. Energy Information Administration (EIA). Unabhängige Statistiken und Analysen www.eia.doe.gov/pub/international/iealf/tablee1g.xls.

dass die Menschheit – wenn sie denn will – ihr Schicksal auch langfristig positiv beeinflussen kann.

Eine gerechtere Verteilung des Wohlstands auf unserer Erde und eine bessere Energieversorgung sind untrennbar miteinander verbunden. Ist der Wohlstand nicht genügend gleichmässig verteilt, sind die Widerstände zu gross, um im Bereich der natürlichen Ressourcen Fortschritte zu erzielen. Die vorherrschende Haltung im Sinne von «Nach uns die Sintflut» und die Plünderungsmentalität, welche unsere heutige Welt prägt, würden sich noch weiter ausbreiten. Umgekehrt ist es jedoch nicht möglich, den Wohlstand sämtlicher Bewohner unseres Planeten dauerhaft zu sichern, wenn wir die Probleme im Bereich der natürlichen Ressourcen und der Energie nicht in den Griff bekommen. So paradox es tönen mag, ist also der wirtschaftliche Aufstieg der Entwicklungs- und Schwellenländer notwendig, um die Risiken genau dieses Aufstiegs zu meistern.

Auf eine Stagnation der Entwicklungs- und Schwellenländer zu setzen, um die Energie- und Klimaprobleme zu lösen, stellt keine Alternative dar. Denn in diesem Fall würde die Unterentwicklung verhindern, dass wir das Bevölkerungswachstum in den Griff bekommen. Die Zahl der Menschen auf der Erde wirkt sich indes direkt auf die Umwelt aus. Es ist also unbedingt notwendig, die Geburtenraten in den Griff zu bekommen. Die Erfahrung zeigt aber, dass dies nur dort möglich ist, wo ein Land nicht in der Unterentwicklung stehen bleibt.

Damit sind wir beim Kern des Problems angelangt: Geht der wirtschaftliche Aufstieg der Entwicklungs- und Schwellenländer mit einem übermässig starken Anstieg des Energieverbrauchs einher, verschlimmern sich die Energie- und Klimaprobleme weiter. Verschärft wird dies dadurch, dass die wirtschaftliche Entwicklung eine ungeheure Dynamik besitzt. So stieg der reelle Wert des Bruttosozialprodukts unseres Planeten zwischen 1970 und 2007 um das Dreifache, während sich die Bevölkerung in derselben Zeit nicht ganz verdoppelte. Die Zahl der Arbeitsstellen illustriert diese Dynamik ebenfalls sehr gut: Sie stieg zwischen 1990 und 2007 um ein Drittel.[54]

Das parallele Wachstum von Bevölkerung und Wirtschaft wird den Kampf um die Beschaffung der begrenzten natürlichen Ressourcen verschärfen. Selbst die Frage der Nahrungsbeschaffung könnte angesichts der Klimaerwärmung wieder in den Mittelpunkt rücken. Länder, die glauben, dieses Problem längst überwunden zu haben, könnten sich plötzlich wieder damit konfrontiert sehen. Die Nahrungsmittelkrise im Jahr 2008, welche eine Preisexplosion mit sich brachte, war ein klarer Fingerzeig. Trotz Finanzkrise und einstürzender Börsenkurse sanken die Preise der Lebensmittel kaum. Nestlé-Präsident Peter Brabeck-Letmathe sieht den Hauptgrund für diesen Preisanstieg im Bevölkerungswachstum: Global gesehen entwickelt sich die Bevölkerung schneller als die landwirtschaftliche Produktion.[55] Verschlimmert wird dies dadurch, dass Nahrungsmittel gekauft und zu Treibstoff verarbeitet werden. Hinzu kommt der hohe Fleischkonsum: Zuchttiere, insbesondere Rinder, fressen viel und belasten die Umwelt entsprechend stark.

Ziel muss es also sein, die Menschheit von den nicht erneuerbaren Energien zu befreien. Die Schweiz muss wie die anderen Länder im eigenen, aber auch im Interesse der gesamten Menschheit ihren Teil zur Lösung der Klimaproblematik beitragen.

Die demografischen Tendenzen

Eine Zusammenfassung der UNO[56] zeigt wichtige Tendenzen in der weltweiten Bevölkerungsentwicklung auf. Ausgehend von einer Weltbevölkerung von 6,83 Milliarden im Juni 2009 ist gemäss einem

---

54 ILO, 2008, S. 1.
55 Mayer, R., 19.5.2009.
56 United Nations, Department of Economic and Social Affairs, Population Division, 2009.

«mittleren» Szenario im Jahr 2050 mit 9,2 Milliarden Menschen zu rechnen. Dies entspricht einer Zunahme um 34 Prozent. Die demografischen Perspektiven sind also weniger beunruhigend als noch vor zwanzig oder dreissig Jahren. Damals schloss man nicht aus, dass die Weltbevölkerung auf 12 oder 14 Milliarden Menschen anwachsen könnte.

Die Spannbreite der UNO-Prognosen ist trotzdem gross: Gemäss einem Extremszenario würde das starke Wachstum der Weltbevölkerung anhalten und mehr oder weniger linear weiter ansteigen. 2050 würden demnach 10,5 Milliarden Menschen auf unserem Planeten leben – Tendenz weiter steigend. Das Minimalszenario geht davon aus, dass die Fertilitätsrate der Menschheit stärker als bisher abnimmt. In diesem Fall wäre im Jahr 2040 eine Höchstmarke von 8 Milliarden Menschen erreicht.

Die sogenannte Fertilitätsrate, das heisst die Zahl der Kinder, die eine Frau im Laufe ihres Lebens zur Welt bringt, beeinflusst diese Szenarien am stärksten. In den letzten sechzig Jahren hat die Fertilitätsrate weltweit stark abgenommen. In den Industrienationen sank die durchschnittliche Kinderzahl pro Frau von 3 auf 1,6. Man geht davon aus, dass in einem entwickelten Land durchschnittlich 2,1 Kinder pro Frau notwendig sind, damit sich die Generationen erneuern. Noch stärker war der Rückgang in den Entwicklungsländern: Im Schnitt sämtlicher Länder des Südens sank die Zahl von 6 auf 2,7 Kinder pro Frau. In den letzten zehn Jahren fielen die Geburtenzahlen in den weniger entwickelten Ländern gar am stärksten. Nationen wie der Iran oder China haben nunmehr Werte erreicht, die mehrere Zehntel unter der Schwelle von 2,1 Kindern pro Frau liegen. Indien, Indonesien, Ägypten oder Bangladesch weisen Geburtenraten deutlich unter 3 Kindern pro Frau auf.

16 Die Prognosen zur Entwicklung der Weltbevölkerung bis 2050[57]

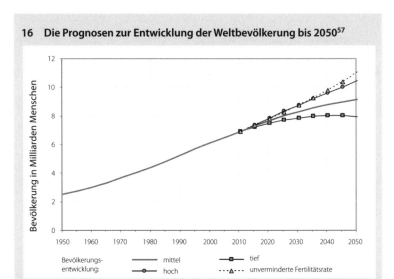

17 Entwicklung und Prognosen für die Fertilitätsraten in den verschiedenen Ländergruppen gemäss ihrem Entwicklungsgrad[58]

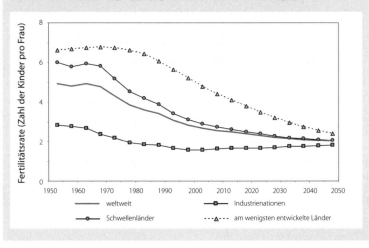

57 Quelle: © United Nations, Department of Economic and Social Affairs, Population Division, 2009, Einleitung, S. X.

58 Quelle: © United Nations, Department of Economic and Social Affairs, Population Division, 2009, S. 10.

Die Demografen der UNO erwarten, dass die Geburtenzahlen weiter sinken. Sie gehen davon aus, dass sich die Fertilitätsrate bis 2050 bei 2 bis 2,1 Kindern pro Frau einpendelt («mittleres» Szenario). Dabei stützen sie sich auf die Entwicklung in jenen Ländern, in denen die Geburten bereits stark zurückgegangen sind. Eine Rolle in ihren Überlegungen spielen auch Faktoren wie die vermehrte Einschulung von Mädchen. Das «mittlere» Szenario beinhaltet einen leichten Anstieg der Geburten in den entwickelten Ländern. Das Minimalszenario postuliert dagegen, dass die Fertilitätsrate bis 2050 weltweit auf das europäische Niveau sinkt und 1,54 Kinder pro Frau erreicht. Das Extremszenario basiert auf einem durchschnittlichen Wert von 2,51 Kindern pro Frau.

Hinzu kommt, dass die Leute immer älter werden und sich deshalb die Struktur der Bevölkerung ändert. Das «mittlere» UNO-Szenario (9,2 Milliarden Menschen bis 2050) geht davon aus, dass es 2050 gleich viele Jugendliche (bis 25 Jahre) geben wird wie heute – nämlich 3 Milliarden. Die aktive Bevölkerung wächst in diesem Szenario von 3,1 auf 4,1 Milliarden an und jene der Senioren gar von 800 Millionen auf 2 Milliarden. Ausserdem wird gemäss UNO unter den Senioren die Zahl der sehr alten Leute stark ansteigen.

Was unternommen werden muss

Einfach abzuwarten, bis die Erdölreserven versiegen, hilft nicht, die Probleme der Klimaerwärmung zu lösen. Die CO_2-Emissionen würden sich nicht schnell genug verringern. Hingegen wird sich die Klimaerwärmung in einem unerträglichen Mass beschleunigen, wenn wir damit fortfahren, die verbleibenden Erdölreserven so schnell wie bisher aufzubrauchen. Kommt hinzu, dass es technisch möglich wäre, die reichlich vorhandenen Kohlevorräte in Benzin umzuwandeln und so das Erdölzeitalter verlängert werden könnte. Folglich bekommen wir die Klimaerwärmung nur dann in den

Griff, wenn wir entschiedene Anstrengungen leisten, um uns von den fossilen Energien zu befreien. Zu glauben, dass die CO_2-Emissionen mit dem Versiegen des Erdöls automatisch und rasch zurückgehen, wäre eine gefährliche Illusion.

Der CO_2-Ausstoss muss also schnell sinken, wenn wir den globalen Temperaturanstieg auf etwa 2 Grad beschränken wollen. Der Bundesrat hat in seiner Botschaft über die Klimapolitik nach 2012 festgehalten, welches Ziel dazu langfristig erreicht werden muss. Er stützt sich dabei auf die Arbeit des IPCC und den Konsens, der an der UNO-Klimakonferenz in Bali erzielt worden ist. In der Botschaft heisst es: «*Um dieses Ziel erreichen zu können, müssen – je nach Bevölkerungsentwicklung – die globalen Treibhausgasemissionen von heute 5,8 Tonnen auf max. 1–1,5 Tonnen CO_2-Äquivalente pro Kopf gesenkt werden.*»[59] Der Bundesrat führt weiter aus, dazu müssten die globalen Treibhausgasemissionen bis 2050 um mindestens 50 bis 85 Prozent reduziert werden. Die Industrieländer müssten ihre Emissionen sogar um 80 bis 95 Prozent verringern, um dieses Ziel zu erreichen.[60] In einem ersten Schritt, so der Bundesrat, müssten Industrienationen wie die Schweiz ihren CO_2-Ausstoss bis 2020 um 25 bis 40 Prozent reduzieren.

Im Widerspruch zu seinen eigenen Feststellungen will der Bundesrat jedoch die Emissionen in der Schweiz um bloss 10 Prozent bis 2020 senken. Gleichzeitig erlaubte er den Einkauf weiterer Reduktionen im Ausland mithilfe von sogenannten Emissionszertifikaten, die langfristig sehr teuer zu stehen kommen (vgl. Seite 115). Mittlerweile haben sich die eidgenössischen Räte entschieden, die Emissionen in der Schweiz um 20 Prozent zu senken. Im Gegensatz zum Nationalrat hat der Ständerat entsprechende Massnahmen beschlossen. Die zögerliche Haltung des Nationalrates ist einfach zu

---

59 Bundesrat, 26. 8. 2009, S. 7446. Es handelt sich um die Treibhausgasemissionen pro Kopf und Jahr.
60 Ebd.

erklären: Wirksame Massnahmen würden mächtige Lobbys stören, die im Parlament einen starken Einfluss haben.

Betrachtet man den CO_2-Ausstoss der Schweiz, muss man sich stets bewusst sein, dass die Statistiken unvollständig sind. In Tat und Wahrheit sind die Emissionen, die die Schweiz verursacht, höher. Unser Land importiert zahlreiche Produkte, bei deren Herstellung fossile Energien verbraucht wurden. Diese Emissionen tauchen jedoch in den Statistiken der Produktionsländer auf. Der Bundesrat schätzt die gesamten Emissionen, welche auf den Lebensstil der Schweizerinnen und Schweizer zurückzuführen sind, auf jährlich 12,5 Tonnen CO_2-Äquivalente. Dieser Wert ergibt sich aus den Emissionen in der Schweiz zuzüglich der Emissionen für die Herstellung importierter Güter («graue Energie»[61]) und abzüglich der Emissionen, welche im Zusammenhang mit Exporten stehen.[62]

Wo etwas unternommen werden muss

Die Schweiz muss in zwei zentralen Bereichen der Energie- und Klimapolitik etwas unternehmen:
1. Wir müssen erneuerbare Energien nutzen, die die Umwelt weitaus weniger belasten und deren Verfügbarkeit nicht wegen begrenzter Vorräte eingeschränkt ist.
2. Wir müssen unsere Energie besser und effizienter nutzen als bisher, um den Verbrauch zu senken.

Anders gesagt: Wir müssen einen neuen Lebensstil entwickeln, der mit den natürlichen Limiten der Erde in Einklang steht. Die Industrieländer haben in dieser Hinsicht eine entscheidende Rolle inne. Sie müssen diesen Wandel vorantreiben, die technischen Voraussetzungen dafür schaffen und als Erste diese Wende realisieren. Die Entwicklungs- und Schwellenländer werden nie diesen Weg ein-

---

61 Graue Energie ist jene Energie, die zur Herstellung eines Gutes notwendig ist.
62 Bundesrat, 26.8.2009, S. 7443.

schlagen wollen, wenn dessen Erfolg und Machbarkeit nicht zuvor bewiesen worden ist. Sie streben derart entschieden nach einem wirtschaftlichen Aufstieg, dass wahrscheinlich keine Regierung sie bremsen könnte, selbst dann nicht, wenn sie es wollte.

Eine Rückkehr zu einer ländlichen Zivilisation und den Techniken früherer Jahrhunderte stellt keine Option dar: Auf einem Planeten mit acht bis zehn Milliarden Menschen kann man sich nicht den Luxus leisten, Technologien zu verwenden, die viel Energie verbrauchen. Eine Rückkehr zur Kerze wäre deshalb völlig fehl am Platz: Sie stösst viel CO_2 aus und produziert erst noch wenig Licht. Der Wechsel von der Glühbirne zur Leuchtdiode symbolisiert vielmehr den Wandel, den wir erreichen müssen.

Manche Beobachter verlangen eine freiwillige, kontrollierte und starke Reduktion des Lebensstandards (Doktrin der Wachstumsrücknahme). Eine solche Forderung steht den menschlichen Wünschen derart konträr entgegen, dass sie ebenfalls nicht realistisch ist. Dieser Weg, der vor allem in reichen Ländern propagiert wird, ist in den Augen der Entwicklungs- und Schwellenländer weder glaubwürdig noch attraktiv. Ihrer Ansicht nach stehen solche Ansprüche im Widerspruch zum Postulat nach einem geteilten Wohlstand. Darüber hinaus stellt sich die Frage, wie unter diesen Voraussetzungen die finanziellen Mittel beschafft werden sollen, um jene Infrastrukturen energietechnisch und ökologisch zu sanieren, die man auch künftig benutzen würde.

Gleichwohl wäre es gut, wenn die Industrieländer ihre Konsumgewohnheiten überdenken würden. Dies könnte dazu beitragen, die anstehenden Probleme zu lösen, ohne auf Bequemlichkeiten verzichten zu müssen.[63] Muss man wirklich mehrmals im Jahr mit dem Billigflieger unterwegs sein? Muss man unbedingt eine Zweitwohnung besitzen? Oder muss man ausgerechnet einen grossen Offroader fahren? Der Wandel hin zu einer nachhaltigen Energieversor-

---

63 Siehe Kempf, H., 2009.

gung würde bereits sehr erleichtert, wenn wir uns etwas weniger Überfluss gönnen würden.

Ein globaler politischer Rahmen ist notwendig

Mathematisch gesehen ist eine wesentliche Reduktion der globalen CO_2-Emissionen nur möglich, wenn die Mehrheit der Länder auf dieser Welt ihren Teil dazu beiträgt. Für ein einzelnes Land, das nur seine eigenen kurzfristigen Interessen im Auge hat, ist es jedoch verführerisch, nichts zu tun. Wenn nämlich alle übrigen Länder Anstrengungen unternehmen, um ihren Verbrauch an fossilen Energien zu verringern, profitiert auch dieses einzelne Land davon. Einerseits wird die Klimaerwärmung begrenzt, und andererseits kommt es auf dem Erdölmarkt zu einer Entspannung. Wenn jedoch alle Länder so handeln, verschärft sich die Lage weiter: Die fossilen Ressourcen gehen zur Neige, und das Klima erwärmt sich. Die Situation erinnert an das Gefangenendilemma aus der Spieltheorie. Dieses postuliert, dass Spieler einen hohen Gewinn erzielen können, wenn sie zusammenarbeiten. Sie können sich aber auch gegenseitig verraten und so einen geringeren Gewinn erzielen.

Um Fortschritte zu erzielen, ist ein internationales Abkommen deshalb unbedingt notwendig. Es gibt den Staaten gegenseitige Garantien über die Anstrengungen, die unternommen werden. Dazu muss ein Rahmen etabliert werden, in welchem die Staaten kommunizieren, Vertrauen aufbauen und sich engagieren können. Wie die Weltklimakonferenzen vom Dezember 2009 in Kopenhagen und vom Dezember 2010 in Cancún gezeigt haben, ist es jedoch alles andere als einfach, ein solches Abkommen abzuschliessen. Das Problem besteht darin, objektive und allseits anerkannte Kriterien zu finden, um die Anstrengungen zu definieren, welche die einzelnen Länder leisten müssen. Leider reagiert die Politik nämlich nicht ohne Weiteres auf die Erkenntnisse der Wissenschaft. Wertvorstellungen und politische Kräfteverhältnisse spielen in den Klimadiskussionen eine wichtige Rolle.

Die Schweiz kann ihrerseits nur dann schärfere internationale Massnahmen fordern, wenn sie glaubwürdig und vorbildlich ist. Angesichts ihrer Grösse wird sie sich in einer internationalen Debatte kaum machtpolitisch durchsetzen können. Entsprechend muss sie früher oder später ihren Anteil zum weltweiten Ziel beitragen und ihre Emissionen um eine Tonne Treibhausgase pro Einwohner und Jahr reduzieren. Es ist ungerecht und lässt sich nicht rechtfertigen, wenn einzelne Nationen dauerhaft mehr Treibhausgase ausstossen, als es dem Reduktionsziel entspricht. Ansonsten müssten andere Länder ihre Emissionen deutlich unter das Reduktionsziel senken. Dass sie dies nicht tun wollten, wäre verständlich.

18   Die Treibhausgasemissionen (THG) pro Einwohner im Jahr 2004, geordnet nach Weltregionen[64]

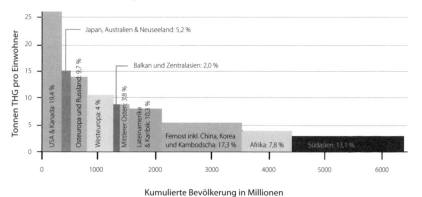

Kumulierte Bevölkerung in Millionen

Die Fläche jeder Zone entspricht proportional den Gesamtemissionen dieser Region. Dabei zeigt sich, dass der CO_2-Ausstoss sehr ungleich verteilt ist.

Glücklicherweise besteht die Aushandlung eines Klima-Abkommens nicht allein darin, Lasten zu verteilen. Ansonsten bestünde wohl kaum Hoffnung, dass ein solcher Vertrag je zustande käme.

---

64 Quelle: © IPCC 2007-WGIII, S. 106 (vereinfachte Darstellung).

Jene Länder, die sich zu Reduktionen verpflichten, eröffnen sich mittel- und langfristig eine sehr interessante Option. Sie richten ihre Entwicklung neu aus und werden so weniger verwundbar.

Solche Erwägungen erleichterten bereits früher den Abschluss von Verträgen, und sie sollten auch künftig entscheidend sein. Jene Länder, die sich als Erste anpassen, profitieren von einer technologischen und kommerziellen Führungsrolle im Energiebereich. Deutschland ist in dieser Beziehung ein gutes Beispiel: Hier konnten im Bereich der erneuerbaren Energien 305 000 Arbeitsstellen geschaffen werden.[65]

Will die Schweiz in Klimafragen glaubwürdig sein, muss sie in drei Bereichen Anstrengungen unternehmen:

1. Sie muss entschlossen danach streben, ihren Anteil an den weltweiten Bemühungen zur Reduktion der CO_2-Emissionen zu leisten.

2. Sie muss sich politisch und finanziell engagieren, um solidarisch ihren Teil zur Lösung der globalen Probleme und damit zusammenhängender Bereiche beizutragen. Dazu gehört etwa, das Bevölkerungswachstum in den Griff zu kriegen. In diesen Bereich fällt aber auch der Kampf gegen Steuerdelikte, die den Handlungsspielraum von Drittstaaten einschränken.

3. Sie muss mit anderen Ländern zusammen beweisen, dass eine Reduktion der Emissionen technisch machbar ist, ohne dass der Wohlstand darunter leidet. Gelingt dies nicht, werden die Schwellenländer nicht bereit sein, Anstrengungen zu unternehmen, um sich von den nicht erneuerbaren Energien zu befreien. Nichts geht darüber, durch Taten einen Beweis anzutreten: Indem die Schweiz zusammen mit anderen Industrieländern technologisch und wirtschaftlich den Weg für eine nachhaltige Entwicklung ebnet, trägt sie dazu bei, dies den Entwicklungsländern schmackhaft zu machen.

---

65 Quelle: BMU, 18.10.2010, S. 13.

Das Wichtigste in Kürze

- Der wirtschaftliche Aufstieg der Entwicklungs- und Schwellenländer und die Sanierung der Energiegrundlagen der Weltwirtschaft können nicht voneinander getrennt werden. Damit die energiepolitischen Herausforderungen gemeistert werden können, muss das Bevölkerungswachstum stabilisiert werden.
- Ein zwischenstaatlicher Vertrag muss garantieren, dass so viele Länder wie möglich Anstrengungen zur Verringerung der Emissionen unternehmen.
- Die Industrieländer müssen den Tatbeweis antreten, dass eine Versorgung mit erneuerbaren Energien und ein gehobener Wohlstand nicht im Widerspruch zueinander stehen.
- Jene Länder, die sich die ehrgeizigsten Ziele setzen, werden einen Konkurrenzvorteil auf sicher haben. Sie werden eine technologische Spitzenposition einnehmen und weniger Geld für Energie ausgeben müssen.

5 Der technologische Fortschritt bei den erneuerbaren Energien

Bereits seit Millionen von Jahren nutzt der Mensch erneuerbare Energien in Form von Sonnenwärme und Holz zum Heizen. Seit Tausenden von Jahren navigiert er mithilfe des Windes auf den Meeren. Seit Jahrhunderten treibt er mit Wasser und Wind Mühlen an. Doch im Verlauf des Industriezeitalters führte der Überfluss an fossilen Energien dazu, dass die Nutzung erneuerbarer Energien stagnierte. Glücklicherweise bildete die Wasserkraft eine Ausnahme. Die Tatsache, dass die fossilen Energien einen Anteil von 88 Prozent am gesamten weltweiten Primärenergieverbrauch haben, widerspiegelt die Lage eindrücklich.[66]

Abgesehen davon, dass sie die Umwelt weitaus weniger belasten, besitzen erneuerbare Energien drei grundlegende Vorteile gegenüber fossiler und nuklearer Energie:

1. Erneuerbare Energien sind kostenlos und in grossen Mengen verfügbar; kein Land auf der Welt muss Wind, Sonne, Wellen, die Gezeiten oder die Erdwärme kaufen.
2. Erneuerbare Energien versiegen nicht; wir können ständig darüber verfügen.
3. Im Gegensatz zu Erdöl, Erdgas und Uran, die an wenigen Orten konzentriert sind, stehen erneuerbare Energien (mit Ausnahme des Wassers) fast überall zur Verfügung. Sie sind geografisch gut verteilt, und keine militärische Kraft kann sie in Beschlag nehmen.

---

66 Quelle: Siehe Fussnote 18.

Die folgende Rechnung zeigt, wie gross die potenzielle Zufuhr an erneuerbaren Energien ist: Die Sonnenstrahlung liefert der Erde jährlich eine Energie, die etwas mehr als 1000 Millionen Terawattstunden (TWh) entspricht. Die Menschheit aber verbraucht derzeit pro Jahr 0,14 Millionen TWh Primärenergie.[67] In der Schweiz sind es jährlich 250 TWh. Die Erdatmosphäre bekommt also jedes Jahr von der Sonne gut 7000-mal mehr Energie geschenkt, als die Menschheit in derselben Zeit verbraucht. Das Sonnenlicht schafft zudem weitere Energiequellen. Es bewirkt Wärme, Wind, Niederschläge, Wellen und Biomasse (durch das Pflanzenwachstum). Hinzu kommen die geothermische Wärme aus dem Erdinneren und die Gezeiten, die die Mondanziehungskraft verursacht. All diese Energien sind unerschöpflich, weshalb sie als erneuerbar bezeichnet werden.[68]

Die zentrale Frage ist also nicht die Verfügbarkeit erneuerbarer Energien. Vielmehr geht es darum, wie erneuerbare Energien in alltagstauglicher Form genutzt werden können und wie teuer solche Lösungen sind.

Kleines Einmaleins der Energieformen und -masseinheiten

Energie tritt in verschiedenen Formen auf:

- chemische Energie; sie ist in einer Materie wie Heizöl enthalten und kann durch eine chemische Reaktion genutzt werden, zum Beispiel indem das Heizöl verbrannt wird;
- Elektrizität;
- Strahlung, zum Beispiel der Sonne;

---

67 Es handelt sich hier um die Nettozufuhr an Solarenergie nach Abzug von rund 30 Prozent, die umgehend ins Weltall zurückreflektiert werden, ohne dass sich die Wellenlänge der Sonnenstrahlen ändert (Berechnungsgrundlage: http://de.wikipedia.org/wiki/Strahlungshaushalt_der_Erde).
68 Vgl. dazu Jacobson, M., und Delucchi, M., 2009.

- kinetische oder Bewegungsenergie; zum Beispiel die Energie, die der Wind oder ein Fahrzeug in Bewegung aufweisen;
- potenzielle Energie (zum Beispiel einer Wassermasse, die in der Höhe zurückgehalten wird und die man über eine Turbine hinweg nach unten leiten kann, um Strom zu erzeugen);
- Kernenergie; sie ist in den Atomen enthalten und kann freigesetzt werden, indem man diese spaltet. Von der Kernfusion, bei der zwei Kerne verschmolzen werden, erhoffen sich die Befürworter der Atomkraft Ähnliches. Doch diese Technologie ist bisher kaum über das Experimentalstadium hinausgekommen.
- Wärme unterscheidet sich in einem wichtigen Punkt von anderen Energien: Sie kann nicht vollständig in andere Energieformen wie etwa Elektrizität umgewandelt werden. Hingegen können alle anderen Energieformen vollständig in Wärme verwandelt werden.

Die Energie-Einheiten: ein Mengenmass

Wenn Sie Ihr Auto auftanken, füllen Sie Energie in den Tank, in diesem Fall die chemische Energie, die im Benzin enthalten ist. Dasselbe geschieht, wenn Sie Ihre Taschenlampe mit Batterien ausrüsten. Diese Energie wird in Kilowattstunden (kWh) gemessen. Ein Liter Benzin enthält 10 kWh. Diese Menge kann auch in Megajoules (36 MJ) oder in Kilokalorien (8600 kcal) angegeben werden. Sie kann zudem nach dem Volumen oder dem Gewicht einer Substanz berechnet werden. Dies ist der Fall, wenn man von einem Barrel respektive einem Fass Erdöl (159 Liter = 1628 kWh) oder einem Kilogramm Erdgas redet.

Die Leistungseinheiten: ein Mass für den Durchfluss

Wenn das Auto, dessen Tank Sie gefüllt haben, eine schwache Leistung aufweist, wird es länger benötigen, um einen Liter Benzin zu verbrauchen, als ein leistungsstarker Wagen. Dies bedeutet, dass der Benzinfluss in der Leitung, die vom Tank zum Motor führt, schwächer ist. Entsprechend wird Ihre Taschenlampe nach dem Aufladen nur halb so lange betriebsbereit sein, wenn sie zwei statt bloss eine Glühbirne aufweist und deshalb stärker leuchtet. Diese Leistung wird meistens in Kilowatt (kW) gemessen. Bis vor nicht allzu langer Zeit verwendete man dazu «Pferdestärken» (PS), was den Nutzen der Tierkraft in früheren Epochen widerspiegelte.

Das Verhältnis von Kilowatt (kW) und Kilowattstunden (kWh)

Eine Maschine, die eine gegebene Leistung A (kW) aufweist und die während einer Zeit B (Stunden) in Betrieb ist, verbraucht oder produziert eine Energie, die A x B kWh entspricht. Ein Beispiel: Ein Windkraftwerk mit einer Leistung von 2000 kW, das 2000 Stunden lang mit voller Kraft in Betrieb ist, produziert 4 000 000 kWh. Ein Staubsauger mit einer Leistung von 1,5 kW verbraucht bei zwei Stunden Einsatz 3 kWh.

Die Vorsätze für die Mengenangaben

Weil die verbrauchten Energiemengen so riesig sind, werden sogenannte Vorsätze verwendet:

Vorsatz	Abk.	Menge	Beispiel
Kilo	k	Tausend	1 kWh = 1 000 Wh
Mega	M	eine Million (10^6)	1 MWh = 1 000 000 Wh
Giga	G	eine Milliarde (10^9)	1 GWh = 1 000 000 000 Wh
Tera	T	Tausend Milliarden (10^{12})	1 TWh = 1 000 000 000 000 Wh
Peta	P	eine Million Milliarden (10^{15})	1 PWh = 1 000 000 000 000 000 Wh

Die Internetsite http://de.unitjuggler.com ermöglicht die einfache Umrechnung von Einheiten.

Effizienz ist unumgänglich

Erneuerbare Energien sind zwar kostenlos verfügbar, ihre Nutzung hat dagegen einen Preis: Wir müssen in den Bau von Anlagen investieren und diese danach betreiben. Dazu sind Flächen verschiedener Grösse notwendig, die später nicht mehr für einen anderen Zweck genutzt werden können. Zudem haben auch erneuerbare Energien einen unterschiedlich grossen Einfluss auf die Ökosysteme. Aus diesen Gründen wäre es wirtschaftlich wie ökologisch unvernünftig, Energien aus erneuerbaren Quellen zu produzieren, um sie danach verschwenderisch zu nutzen. Daher muss der Umwandlungspfad von der Verwertung der Energiequelle bis hin zum Endverbrauch möglichst effizient sein.

19   Die Effizienz eines Elektro- und eines Verbrennungsmotors im Vergleich

Verlust von 0,15 kWh

Verlust von 3 kWh

1,15 kWh Stromzufuhr — 1 kWh Arbeit

4 kWh Benzinzufuhr — 1 kWh Arbeit

Elektrischer Motor

Sehr wenig lokale Umweltbeeinträchtigungen

Verbrennungsmotor

Lokale und globale Umweltbeeinträchtigungen

Die Abbildung illustriert die Effizienz eines Elektromotors und jene eines Verbrennungsmotors, der mit Benzin angetrieben wird. Dazu wird verglichen, wie viel Primärenergie beide Motoren benötigen, um dieselbe Arbeit zu verrichten.

Der Verbrennungsmotor wandelt lediglich einen Viertel der chemischen Energie des Benzins in Bewegungsenergie um, die an die Räder weitergeleitet wird. Man spricht deshalb von einer Effizienz von 25 Prozent. Die übrigen drei Viertel an Energie gehen in Form von Wärme verloren.[69] Dies hat zur Folge, dass sich der Motor eines Autos erwärmt und während der Fahrt gekühlt werden muss. Jene Energie, die als Wärme verloren geht, verpufft nutzlos.

Der Elektromotor ist viel effizienter, da er nur etwa 10 bis 15 Prozent der zugeführten Energie in Form von Wärme verliert. Der Grossteil der Energie wird in Bewegungsenergie umgewandelt. Die typische Effizienz eines Elektromotors liegt also bei 85 bis 90 Prozent.

Aufgrund physikalischer Gesetze nutzt der Elektromotor die Energie auch dann effizienter, wenn die Zufuhr gedrosselt wird (sogenannte Teillast). Hinzu kommt, dass ein Elektromotor mehr oder weniger geräuschlos ist, nicht vibriert und keine Abgase ausstösst. Er verursacht also keinerlei lokale Umweltbeeinträchtigungen. Alles in allem ist ein Elektromotor bedeutend leistungsfähiger – vorausgesetzt der Strom wird sauber produziert.

Den Weg dahin zeigt Abbildung 19: Sie illustriert die entscheidenden Vorteile der Elektrizität im Endverbrauch. Wird nämlich Strom in mechanische Energie umgewandelt, gehen dabei lediglich 15 Prozent der Energie verloren. Werden dagegen Treibstoffe fossilen oder pflanzlichen Ursprungs in Bewegungsenergie umgewandelt, beträgt der Verlust rund 75 Prozent. Elektrizität leistet dieselbe Arbeit bei deutlich geringerem Energieverlust. Wir können die Energieeffizienz gegenüber heute also deutlich verbessern, wenn wir vermehrt Elektrizität statt fossiler Energien nutzen.

Wollen wir also unsere Energie effizienter nutzen, müssen wir so viel wie möglich davon in Form von Elektrizität zur Verfügung haben. Die Stromproduktion wird damit zu einer zentralen Herausforderung für die Zukunft. Leider werden zurzeit aber weltweit rund zwei Drittel der Elektrizität mit fossilen Energien produziert. Der Wärmeverlust ist dabei fast so gross wie in einem Verbren-

---

69 Die eingespeisten Mengen an Strom und Treibstoff werden in Bezug auf die in ihnen enthaltene thermische Energie verglichen. Eine Einheit Strom erzeugt gleich viel Wärme, wenn sie durch einen Widerstand fliesst, wie eine Einheit Benzin, die verbrannt wird.

nungsmotor: In Kohlekraftwerken wird die Energie nur etwa zu einem Drittel in Elektrizität umgewandelt. Der Rest verliert sich in Form von Wärme. Der Stromwirkungsgrad beträgt also bloss ein Drittel.[70]

Die Ineffizienz der Verbrennungsmotoren und der Kohlekraftwerke hat also nichts anderes zur Folge, als dass ein Grossteil der fossilen Energie, die wir jeden Tag auf der Welt verbrauchen, ungenutzt in Form von Wärme verpufft.

Glücklicherweise sind beachtliche Fortschritte bei der Stromproduktion aus erneuerbaren Quellen erzielt worden. Dies ermöglicht es uns, über Energie zu verfügen, die sowohl bei der Herstellung wie bei der Nutzung sauber ist. Agrotreibstoffe stellen demgegenüber keine Alternative dar, wie folgendem Kasten zu entnehmen ist.

Nicht vergessen gehen darf dabei das Potenzial nachhaltiger Wärmequellen. Auch sie können ihren Teil dazu beitragen, fossile Energien zu ersetzen. Möglich ist dies bei Wohngebäuden, in der Industrie, in Handwerksbetrieben oder in der Landwirtschaft, Bereiche, in denen ebenfalls bemerkenswerte Fortschritte erzielt worden sind. Allerdings handelt es sich hier um die Optimierung von Technologien, die alles in allem recht einfach sind: Sonnenkollektoren zur Erwärmung des Wassers, Holzheizungen, Wärme aus Biomasse, die sich zersetzt, Erdwärme etc. Auf diese Technologien wird später am Beispiel konkreter Anwendungen noch näher eingegangen.

---

70 Lediglich einige sehr leistungsstarke Kraftwerke, die mit Erdgas Strom produzieren, kommen auf einen elektrischen Wirkungsgrad von etwas mehr als 50 Prozent. Es handelt sich um sogenannte Gas-Kombikraftwerke. Diese koppeln eine erste mit Erdgas betriebene Turbine mit einer Dampfturbine. Die Wärme, welche die Gasturbine produziert, wird benutzt, um den Dampf für die zweite Turbine zu erzeugen.

Die Grenzen von Agrotreibstoffen

Agrotreibstoffe (auch Biotreibstoffe genannt) werden in der Mobilität, aber auch in anderen Bereichen oft als Alternative zu fossilen Treibstoffen angepriesen. Für Nischenanwendungen sind Agrotreibstoffe aus Abfallprodukten (Biogas aus Fäkalien und pflanzlichen Abfällen, Biodiesel aus gebrauchten Ölen) vielversprechend. Dies gilt auch für einige andere originelle Ideen wie die Selbstversorgung mit Agrotreibstoffen für den Antrieb landwirtschaftlicher Maschinen.

Ein drastischer Ausbau der Nutzung von Agrotreibstoffen wäre dagegen wirtschaftlich, ökologisch und sozial eine Katastrophe. Denn dazu müsste man Agrarland der Nahrungsproduktion entziehen, um Fahrzeuge mit Treibstoff zu versorgen. Die Folge wäre eine Verteuerung der Lebensmittel, was für arme Länder verheerende Folgen hätte.

Ökologisch gesehen sind Agrotreibstoffe problematisch, weil für den Anbau der benötigten Pflanzen Regenwald gerodet werden muss. Dies geschieht einerseits, um die Pflanzen für die Produktion von Agrotreibstoffen anzubauen. Andererseits wird aber auch Regenwald abgeholzt, um das verlorene Agrarland wiederzugewinnen. Die Produktion von Agrotreibstoffen gefährdet also die Biodiversität. Die Rodung von Regenwald hat aber auch zur Folge, dass astronomische Mengen an CO_2 freigesetzt werden – durch die Zerstörung der Böden, aber auch durch die Verbrennung des gefällten Tropenholzes.

Die Mehrzahl der Agrotreibstoffe trägt kaum zur Reduktion der Treibhausgasemissionen bei. Bei ihrer Herstellung wird manchmal fast so viel CO_2 ausgestossen, wie wenn man direkt fossilen Treibstoff benutzen würde. Darüber hinaus wirken sie sich oft sehr negativ auf die Böden und das Wasser aus.[71] Eine kürzlich veröffentlichte Studie, die von der Europäischen Union bestellt worden war, kommt zum Schluss, dass unter Berücksichtigung des indirekten Drucks, Wald zu

---

71 Vgl. Zah, R., et al., 22.5.2007.

roden, selbst die leistungsstärksten Agrotreibstoffe wie Zuckerrohr keine bessere CO_2-Bilanz aufweisen als fossile Energien.[72]

Manchenorts hofft man darauf, Holz in Treibstoff umwandeln und so den Wald nachhaltig nutzen zu können (sogenannte «Treibstoffe der zweiten Generation»). Unter dem Blickwinkel des Klimaschutzes ist es jedoch besser, das Holz direkt zum Heizen zu verwenden. Denn so können noch mehr fossile Energien ersetzt und die Energieverluste vermieden werden, die bei der Umwandlung des Holzes in Treibstoff entstehen.

Der grösste Nachteil der Agrotreibstoffe ist jedoch ihre Ineffizienz. Ein Quadratmeter moderner Solarzellen wandelt mehr als 15 Prozent der Sonnenstrahlen in Strom um, der direkt genutzt werden kann. Pflanzen schneiden hier viel schlechter ab. Die effizientesten unter ihnen wandeln mittels Fotosynthese maximal ein Prozent der Sonnenstrahlen in Energie in Form von Biomasse um. Weil Agrotreibstoffe zudem raffiniert werden müssen, ehe sie in Motoren genutzt werden können, ist die Effizienz der ganzen Kette sehr schlecht. Dies umso mehr, als Verbrennungsmotoren wie gesagt nur einen Teil der chemischen in mechanische Energie umwandeln.

Die Fläche an fotovoltaischen Zellen, die notwendig wäre, um ein elektrisches Auto eine bestimmte Strecke weit anzutreiben, wäre hundertmal kleiner als die Fläche für den Anbau von Biomasse für Agrotreibstoffe, um dasselbe Ziel zu erreichen.

Diese enorme Ineffizienz setzt der Menge an Agrotreibstoff, die man theoretisch produzieren könnte, sehr rasch eine Grenze. Sie sind deshalb keine Lösung für unsere Energie- und Klimaprobleme in der Mobilität. Ihr Beitrag, so interessant er sein mag, kann nur marginal sein. Eine Ausnahme könnte vielleicht der Flugverkehr bilden, wo kaum auf fossile oder Agrotreibstoffe verzichtet werden kann.

---

72 Nach Harrison, P., 21. 4. 2010, und Transport & Environement, 20. 5. 2010.

Der Höhenflug der Windenergie

Windenergie-Anlagen setzen die kinetische Energie des Windes direkt in Strom um. Der Wind bewegt die Rotoren, und die Anlage überträgt diese Bewegung auf einen Generator. Weltweit gesehen hat sich die Windenergie-Nutzung erheblich weiterentwickelt. Der technische Fortschritt führte dazu, dass heute deutlich mehr Strom auf diese Weise erzeugt wird als früher. 2009 produzierten die Windenergie-Anlagen auf unserem Planeten insgesamt 340 TWh Strom. Dies entspricht zwei Prozent des weltweiten Verbrauchs oder dem Vierfachen des in der Schweiz verbrauchten Stroms.

Zwischen 1997 und 2009 stieg die Zahl der Windenergie-Anlagen im Durchschnitt jährlich um 29 Prozent an. Dieser Trend beschränkt sich nicht nur auf Europa: 2009 wurden 40 Prozent der neuen Anlagen in Asien aufgestellt; die Windkraftturbinen, welche im selben Jahr weltweit erstellt wurden, produzieren jedes Jahr gleich viel Strom wie sechs grosse Kernkraftwerke desselben Typs, wie in Finnland derzeit eines gebaut wird. In Dänemark kommen jetzt schon 20 Prozent des Stroms aus Windenergie-Anlagen. In Spanien und Portugal liegt dieser Anteil bei 15 Prozent. Weltweit bietet die Branche rund eine Million Arbeitsplätze.

Das Potenzial der Windenergie ist riesig. Die Geophysiker Archer und Jacobson kommen zum Schluss, dass weltweit mit Windkraft mindestens fünfmal mehr Energie (nicht nur Elektrizität) produziert werden könnte, als derzeit verbraucht wird.[73] Bei ihrer Untersuchung berücksichtigten die beiden aber nur jene Standorte, an denen die stärksten Winde gemessen werden. Die Studie wählt einen konservativen Ansatz und beschränkt sich auf Gegenden, an denen der Wind in 80 Meter Höhe im Durchschnitt die Marke von 6,9 Meter pro Sekunde überschreitet. Auch fusst die Untersuchung auf Windenergie-Anlagen mit 1,5 MW Leistung, die dem Standard

---

73 Archer, C. L., und Jacobson, M. Z., 2005.

von 2005 entsprechen. Neuere Anlagen leisten indes 3 bis 6 MW und laufen bereits bei durchschnittlichen Windgeschwindigkeiten ab 5 Meter pro Sekunde tadellos. Das langfristige Potenzial liegt also weitaus höher, als es Archer und Jacobson einschätzen.

20 Leistung der Windenergie-Anlagen auf der Welt[74]

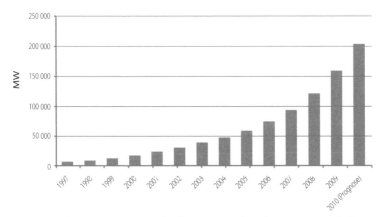

Es ist unglaublich, wie rasch die Kosten für die Stromproduktion mit Windenergie gesunken sind. Wegen des technischen Fortschritts, und weil die Herstellung der Anlagen immer weiter industrialisiert wird, liegen die Selbstkosten für die Stromproduktion sehr nahe bei jenen für die Produktion aus Erdgas (vgl. folgende Tabelle). Der technische Fortschritt wird jedoch anhalten und die Preise werden weiter sinken. Diese Entwicklung könnte sich verlangsamen oder sich zeitweise ins Gegenteil kehren, wenn die Rohstoffe für den Bau von Windkraftturbinen teurer werden. Dieser Fall trat 2007 und 2008 ein, als sämtliche Formen der Energieproduktion einen Rückschlag erlitten, bei denen Stahl, Kupfer oder Beton notwendig ist.

---

74 Quelle (Zahlen und Grafik): WWEA, März 2010, S. 9, und www.wwindea.org.

21   Die Selbstkosten der Stromproduktion aus Windenergie in Europa im Vergleich mit den Kosten der fossilen Energieträger[75]

Techno-logie	Details	Selbstkosten in CH-Rappen/kWh
Wind	Standort auf dem Festland – *mittlerer Wind*	13,0
	Standort an der Küste – *starker Wind*	10,0
	Standort auf hoher See – *sehr starker Wind, aber höhere Montagekosten*	12,0
Fossil	Stabiler Gaspreis – *Szenario mit einem Gaspreis, der auf ein Fass à 59 US-Dollar indexiert ist –* 25 Euro Abgabe pro Tonne CO_2	8,5
	Höherer Gaspreis – *Szenario mit einem Gaspreis, der auf ein Fass à 118 US-Dollar indexiert ist –* 25 Euro Abgabe pro Tonne CO_2	15,0
	Kohle – *25 Euro Abgabe pro Tonne CO_2 (5,5 CH-Rappen ohne CO_2-Abgabe)*	8,5

In dieser Tabelle dienen die Kosten der Stromproduktion aus Erdgas als Vergleichspunkt. Sie bestimmen nämlich den Grosshandelspreis auf dem europäischen Strommarkt. Wenn also die Selbstkosten der Stromproduktion aus Windkraft jene der Produktion aus Erdgas erreichen, bedeutet dies, dass Windenergie rentabel geworden ist.

So weit als möglich versuchen die Elektrizitätsgesellschaften mit Wasserkraft, Kernkraft, Kohle oder erneuerbaren Energien Strom zu produzieren. Es kostet nämlich wenig, auf diese Weise mit den bestehenden Installationen zusätzliche kWh zu produzieren (geringe Grenzkosten). Der Grossteil der Ausgaben entfällt hier auf fixe Kosten für den Bau von Einrichtungen oder für Löhne, die so oder so bezahlt werden müssen. Hingegen versuchen die Elektrizitätsgesellschaften, ihre Erdgaskraftwerke so weit als möglich nicht zu benutzen. Für jede kWh Strom müssen sie nämlich vorab 2 bis 3 kWh an Erdgas einkaufen, was sehr kostspielig ist. Dennoch müssen die Stromproduzenten ihre Erdgaskraftwerke derzeit noch relativ intensiv benutzen, um die Elektrizitäts-

---

75 Zusammenfassung aufgrund von Krohn, S., 2009 (1 Euro = 1.50 Franken).

nachfrage während des Tages zu befriedigen. Aus diesem Grund pendelt sich der Strompreis auf einem Niveau ein, bei dem der Einkaufspreis des Erdgases gedeckt ist. Ansonsten würden die Elektrizitätsgesellschaften ihre Erdgaskraftwerke abstellen, um kein Geld zu verlieren. Dies führt dazu, dass in Europa der Preis des Erdgases den Strompreis bestimmt. Nuklear- und Kohlestrom sowie Strom aus erneuerbaren Energien, die allesamt tiefere Grenzkosten aufweisen, können zu diesem Preis verkauft werden. Dabei kassieren die Stromproduzenten zum Teil saftige Margen. Der Preis des Erdgases wiederum ist weitgehend von jenem des Erdöls abhängig. Indirekt ist der Strompreis somit also an den Erdölpreis gebunden.

Der Boom der Fotovoltaik

Fotovoltaische Module, umgangssprachlich als Solarzellen bezeichnet, wandeln einen Teil der Sonnenstrahlung direkt in Strom um. Ende 2009 übertraf die gesamte Leistung der Solarzellen auf unserer Welt 22 GW. Geht man davon aus, dass sie im Durchschnitt während 1000 Stunden pro Jahr voll ausgelastet sind,[76] betrug ihre jährliche Stromproduktion Ende 2009 also etwa 22 TWh. Dies entspricht rund einem Drittel des Stroms, der in der Schweiz verbraucht wird. Oder aber der Leistung zweier grosser Kernkraftwerke.

Die Fotovoltaik erlebte in den letzten Jahren einen noch grösseren Boom als die Windenergie. Die durchschnittliche jährliche Wachstumsrate lag in den letzten sechs Jahren bei 41 Prozent. 2010 wurden gemäss dem Europäischen Fotovoltaik-Industrieverband (EPIA) Solarzellen mit einer Gesamtleistung von 15 GW installiert. Diese Zellen werden so viel Strom wie anderthalb grosse Kernkraftwerke produzieren. Die Kapazitäten werden weiter ausgebaut, die Kosten sinken rasch, und die Produktionskapazitäten der Hersteller von Solarzellen steigen. Man kann deshalb davon ausgehen, dass sich das derzeitige exponentielle Wachstum noch während mehrerer Jahre fortsetzt.

---

76 Eine theoretische Annahme, die davon ausgeht, dass eine Solarzelle während 1000 Stunden im Jahr mit Spitzenleistung arbeitet und in den übrigen 7760 Stunden des Jahres keine Leistung erbringt.

22   Die Leistung der installierten Solarzellen[77]

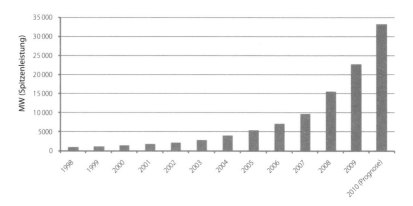

Die in Basel ansässige Privatbank Sarasin publiziert jedes Jahr eine viel beachtete Studie über den weltweiten Solarmarkt.[78] In der Ausgabe vom November 2009 prognostizieren die Autoren, dass bis im Jahr 2015 neue Solarzellen mit einer Gesamtleistung von rund 50 GW installiert werden. Diese zusätzliche Produktion entspräche der Leistung von vier grossen Kernkraftwerken. Für 2020 erwarten die Autoren, dass Fotovoltaikanlagen mit einer Leistung von insgesamt 155 GW installiert werden. Andere Experten gehen von einem geringeren Wachstum aus. Die Leute der Bank Sarasin begründen ihre optimistischen Prognosen mit der Dynamik, welche dadurch ausgelöst wird, dass die Kosten in der Fotovoltaik derzeit so rasch sinken.

---

77 Quelle der Grafik und der oben genannten Zahlen: European Photovoltaic Industry Association (EPIA).

78 Fawer, M., und Magyar, B., 2009, insbesondere S. 26.

23   Die Dynamik der Kostensenkung bei der Herstellung von fotovoltaischen Modulen[79]

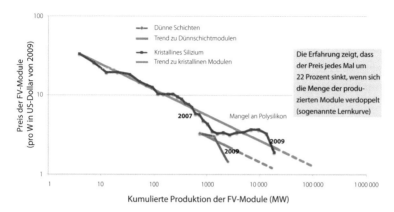

Kumulierte Produktion der FV-Module (MW)

Es handelt sich in dieser Abbildung um eine logarithmische Skala. Der Hauptrohstoff der meisten Solarzellen ist Silizium. Obwohl dieses Element sehr häufig in der Erdkruste vorkommt (beispielsweise in Sand), kam es 2007 und 2008 zu einer Verknappung. Die weltweiten Kapazitäten zur Gewinnung von Silizium waren damals nicht schnell genug gewachsen, um der enorm rasch steigenden Nachfrage nach Solarmodulen Rechnung zu tragen. Dies verlangsamte das Sinken der Preise, stimulierte aber auch die Innovation. Die Forscher entwickelten sogenannte «Dünnschichtzellen», für die weniger Silizium benötigt wird. Inzwischen ist der Engpass vorüber, und die leistungsstärkeren Solarzellen mit kristalliner Beschichtung befinden sich wieder im Aufwind.

Für Privatpersonen rechnet sich die Installation von fotovoltaischen Zellen auf dem Hausdach von jenem Punkt an, da der so produzierte Strom billiger wird als jener aus dem Netz. Daraus folgt, dass die Fotovoltaik ab Gestehungskosten von rund 25 Rappen pro kWh konkurrenzfähig ist. Dieses Phänomen wird als «Netzparität» *(grid parity)* bezeichnet. Wo die Schwelle der Netzparität liegt, hängt auch davon ab, wie sich die Preise der konventionellen Energien entwickeln. Weil aber der Preis für Erdgas tendenziell steigt, muss

---

79 Quelle: © EPIA, zitiert auf der Website von Swissolar.

damit gerechnet werden, dass auch die Preise für konventionellen Strom zunehmen. Die Studie der Bank Sarasin stellt deshalb völlig zu Recht fest, dass der steigende Strompreis die Erreichung der Netzparität beschleunigen könnte. Besitzerinnen und Besitzer von fotovoltaischen Anlagen bleiben im Übrigen am Netz angeschlossen. Sie ergänzen so ihre Stromversorgung oder speisen ihren ungenutzten Strom ins Netz ein.

24   Die Netzparität erobert Europa von Süden nach Norden[80]

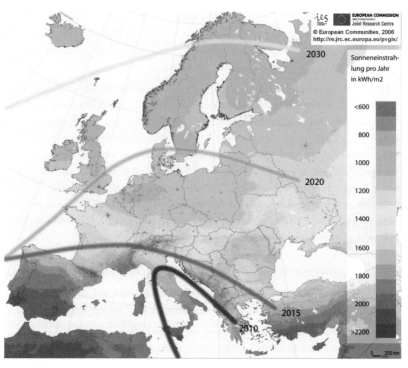

Die Netzparität ist in dieser Abbildung durch rote Linien dargestellt. Sie bahnt sich mit den sinkenden Preisen für Solarmodule nach und nach ihren Weg nach Norden. Denn

80 Quelle: Šúri, M., et al., 2007, PVGIS © European Communities, 2001–2008. Kurven für die Netzparität gemäss Poortmans, J., Sinke, W., 16.5.2008.

damit sinken auch die Selbstkosten für den Strom aus Sonnenenergie. Lokale meteo-
rologische Besonderheiten und der ortsübliche Strompreis für den Endverbraucher
sind mit ausschlaggebend dafür, wann die Netzparität erreicht wird. Aus diesem
Grund stimmen die Linien für die Netzparität nicht vollständig mit den geografischen
Gegebenheiten überein. Die Farben auf der Landkarte stellen die Sonneneinstrahlung
dar. Sie nimmt gegen den Äquator hin zu. In der Schweiz liegt sie bei über 1000 kWh
pro m^2 und Jahr. Dies entspricht der Energie, die in mehr als 100 Liter Benzin enthalten
ist. Fotovoltaische Systeme wandeln zwischen 10 und 15 Prozent der Sonnenstrah-
lung in Strom um. Abhängig ist dies davon, welche PV-Module verwendet und unter
welchen Bedingungen sie benutzt werden.

In Süditalien ist die Netzparität mehr oder weniger erreicht. Der
Grund dafür liegt einerseits natürlich darin, dass hier die Sonne ausserordentlich stark scheint. Aber auch der dortige hohe Strompreis
spielt dabei eine Rolle. Die Firma Oerlikon Solar erwartet, dass in
der Schweiz die Netzparität zumindest für die sonnigen Gegenden
bis 2015 erreicht wird.[81] Die Bank Sarasin teilt diese Einschätzung.

Wie schnell die Kosten für Solarstrom sinken, hängt einerseits
vom technischen Fortschritt bei der Herstellung und Montage der
Sonnenkollektoren ab. Aber auch die Leistung der Kollektoren
spielt eine Rolle. Unter standardisierten Laborbedingungen wandeln die besten monokristallinen Solarzellen, die in Serie produziert
werden, 19,3 Prozent der Sonneneinstrahlung in Strom um.[82] Laut
Professor Christophe Ballif vom Institut für Mikrotechnik in Neuenburg kann ein Wirkungsgrad von 25 Prozent erreicht werden.
Mit Vorrichtungen zur Konzentration des Lichts könnte dieser
Wert gar auf 40 Prozent steigen.[83] In der Praxis ist die Gesamteffi-
zienz von Solarzellen aber etwa ein Viertel kleiner als im Labor. Dies
hängt mit der Verschmutzung der Sonnenkollektoren und mit
Energieverlusten bei der Umwandlung in Wechselstrom zusammen.

---

81 Quelle: Oerlikon Solar, 1. 9. 2009.
82 Häberlin, H., 2010.
83 Ballif, C., 12. 2. 2010, Bild Nummer 6.

Eine Rolle spielt dabei auch, dass Sonnenkollektoren in der Praxis nicht dem Lauf der Sonne folgen.

Das Solarflugzeug Solar Impulse, das 2010 seinen Jungfernflug absolvierte, steht sinnbildlich für die Fortschritte, die in diesem Bereich laufend erzielt werden. Vor fünf Jahren noch strebte man eine Wirksamkeit der Solarzellen von 18 Prozent an; inzwischen liegt diese bei 22 Prozent. Weil gleichzeitig auch bessere Batterien entwickelt wurden, die eine Speicherkapazität von 220 Wh statt 160 Wh pro Kilogramm aufweisen, konnte die Flügelspannweite der Solar Impulse von 80 auf 65 Meter verkürzt werden.[84] Die Kombination verschiedener technischer Fortschritte ermöglicht also höchst interessante Synergien.

25 Das Flugzeug Solar Impulse beim Start zu seinem ersten Nachtflug

Am 7. Juli 2010 startete die Solar Impulse um 6.52 Uhr vom Flugplatz Payerne VD aus zu einem bemannten Nachtflug – eine Weltpremiere. Nur durch Solarenergie angetrieben, gewann das Flugzeug an Höhe und lud seine Batterien tagsüber auf. Dies machte es möglich, dass die Solar Impulse während der Nacht in der Luft bleiben konnte. Auf diese Weise absolvierte der Pilot einen 26 Stunden langen Flug. Dieses High-Tech-Flugzeug symbolisiert die Zukunft: effizient und erneuerbar.

---

84 Quelle: Piccard, B., 2010.

Nicht vergessen gehen darf aber auch, dass die Fotovoltaik in Bezug auf graue Energie enorme Fortschritte gemacht hat. Früher verstrichen drei bis fünf Jahre, ehe eine Solarzelle so viel Energie produziert hatte, wie für ihre Herstellung und Montage notwendig gewesen war. Heute benötigen die besten Dünnschichtzellen in gut besonnten Regionen dafür weniger als ein Jahr.[85]

Stromerzeugung durch Sonnenwärmekraftwerke

Fotovoltaik ist die bekannteste Technik, um Sonnenlicht in Strom umzuwandeln. Doch Sonnenwärmekraftwerke, auch als solarthermische Kraftwerke[86] bezeichnet, weisen ebenfalls beachtliche Vorteile auf. Sie verwenden Spiegel, um das Sonnenlicht zu konzentrieren. Dies erlaubt es, eine Flüssigkeit zuerst auf eine sehr hohe Temperatur zu erhitzen, um danach Dampf zu produzieren, der eine Turbine und einen Generator antreibt. Das Prinzip der Solarthermie eignet sich aber nur für grössere Kraftwerke.

Sonnenwärmekraftwerke weisen grosse Vorteile auf: Erstens sind die Kosten moderat. Zweitens ist die Gesamtleistung pro Quadratmeter vorläufig noch höher als bei der Fotovoltaik. Und drittens kann mit Sonnenwärmekraftwerken auch nachts Strom produziert werden. Dies ist deshalb möglich, weil in solarthermischen Kraftwerken die produzierte Wärme mehrere Tage lang ohne grosse Kosten gespeichert werden kann – etwa in geschmolzenem Salz. Strom zu speichern, ist demgegenüber ziemlich teuer.

In der kalifornischen Wüste sind seit zwanzig Jahren mehrere Sonnenwärmekraftwerke in Betrieb, und vor Kurzem wurde in Spanien in der Nähe von Sevilla die erste solarthermische Anlage in Betrieb genommen, welche die Wärme über Nacht speichern kann. Die Selbstkosten für diese Pilotanlagen betragen vorerst noch das

---

85 Europäische Solarthermie-Technologieplattform, Januar 2010.
86 Auf Englisch: Concentrating Solar Power (CSP).

Zwei- bis Dreifache fossiler Kraftwerke. Dies könnte sich jedoch rasch ändern.

Sonnenwärmekraftwerke dürften in der Schweiz wegen des Platzmangels kaum eine Chance haben. Hingegen ist es sehr gut denkbar, dass sie weltweit gesehen dereinst die Führungsrolle bei der Stromerzeugung einnehmen. Denn nicht weit von den grossen Zentren entfernt befinden sich oft Wüsten.

26   Funktionsweise des Sonnenwärmekraftwerks Andasol im Süden Spaniens[87]

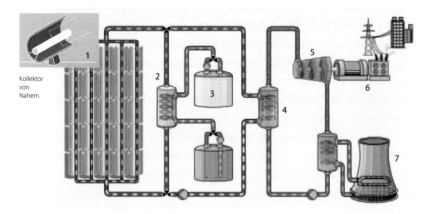

Kollektor
von
Nahem

Von links nach rechts: Die Sonnenstrahlung wird von den Kollektoren gebündelt und in Wärme umgewandelt (1). Danach gelangt sie zu einem ersten Wärmeaustauscher (2), der das Salz in einem Reservoir erhitzt, um die Wärme zu speichern (3). Die gespeicherte Wärme oder die Wärme, welche direkt von den Kollektoren stammt, durchläuft einen zweiten Wärmeaustauscher (4). Dieser produziert Dampf, mit welchem eine Turbine (5) und danach ein Generator (6) angetrieben werden. Am Ende des Kreislaufs wird der Dampf abgekühlt und wieder flüssig (7). Die Anlage kann bei einer Leistung von 50 MW jährlich 179 GWh Strom produzieren. Sie nimmt eine Fläche von 200 Hek-

87 Quelle: © European Commission, Directorate – General for Energy and Transport, Directorate General for Research, 2007, S. 8 und 15.

taren ein. Dank der gespeicherten Wärme kann die Anlage noch während siebenein-
halb Stunden nach Sonnenuntergang mit voller Kraft Strom produzieren.

Das Potenzial der Sonnenwärmekraftwerke ist immens. Diese Technologie könnte mühelos unseren gesamten Energiebedarf abdecken. Mittels einer quadratischen Reflektorfläche von 300 Kilometern Seitenlänge könnte in der Sahara der gesamte Strom produziert werden, den die Menschheit derzeit verbraucht.[88] In der Praxis müssten die Anlagen natürlich auf der ganzen Erde verteilt sein. Vorderhand verbrauchen Sonnenwärmekraftwerke noch recht viel Wasser für die Kühlung. Denn wie in Kernkraftwerken wird in der Solarthermie ein Temperaturunterschied benutzt, um mechanische Energie zu erzeugen. Indes deutet vieles darauf hin, dass Sonnenwärmekraftwerke bald ohne Wasser auskommen könnten.[89] Zudem können solarthermische Kraftwerke so konzipiert werden, dass mit ihnen gleichzeitig Meerwasser entsalzt werden kann.

Neben ihrer einfachen Bauart haben solarthermische Kraftwerke den grossen Vorteil, dass sie die Energie in Form von Wärme speichern können. So kann der Strom dann produziert und ins Netz eingespeist werden, wenn die Nachfrage danach besteht. Solarthermie könnte für zahlreiche Schwellenländer unabdingbar werden, wenn sie ihre Bedürfnisse abdecken wollen, ohne auf Kohle zurückzugreifen.

Strom aus Biomasse, Wellen, Gezeiten und Geothermie

Ausser Windkraft, Fotovoltaik und Sonnenthermie gibt es weitere erneuerbare Energien zur Stromerzeugung.

* *Die Energie der Gezeiten* kann genutzt werden, um Turbinen anzutreiben, die sich bei Dämmen an Flussmündungen befinden. Sie dient auch dazu, sogenannte Meeresströmungskraftwerke zu betreiben. Diese gleichen Windrädern, liegen aber unter Wasser

---

88 Desertec Foundation, 2009.
89 U.S. Department of Energy, 2009.

und werden von den Strömungen angetrieben. Ein Staudamm wird für ein Meeresströmungskraftwerk nicht benötigt.

* *Die Energie der Meereswellen* wird ebenfalls genutzt. Die Wellen falten riesige, mehrgliedrige Schlangen zusammen und wieder auseinander, die an der Meeresoberfläche schwimmen. Die Bewegungsenergie wird von einem Kolben aufgefangen, um eine Turbine und einen Generator anzutreiben.

* *Geothermischer Strom* wird erzeugt, indem mit der Wärme, die mehrere Kilometer unter der Erde vorherrscht, eine Flüssigkeit erwärmt wird. Diese treibt eine Turbine und einen Generator an. Die Funktionsweise gleicht jener von solarthermischen Kraftwerken. Ausserhalb vulkanischer Regionen befindet sich diese Form der Stromgewinnung noch im Experimentalstadium.

* *Die Energie von Biomasse*, also von organischen Abfällen wie Pflanzen und Dünger, kann ebenfalls für die Stromproduktion genutzt werden. Der einfachste Weg besteht darin, die Biomasse in Biogas umzuwandeln (sogenannte «Methanisierung»). Dieses Biogas wird danach als Treibstoff für einen Motor benutzt, der wiederum einen Generator antreibt. Diese Technologie verbreitet sich immer mehr. Solange nicht Pflanzen eigens angebaut werden, um damit Strom zu produzieren, ist die Ökobilanz gut.

Das Projekt Supergrid

Vollziehen wir eine Wende zu erneuerbaren Energien, spielen die Stromleitungen zwischen den Regionen und zwischen den Ländern Europas eine noch wichtigere Rolle als heute. Die Stromleitungen garantieren eine konstante Versorgung und den Ausgleich von Unregelmässigkeiten bei der Stromproduktion. Ausserdem wird die Energie von Regionen mit einer Überproduktion in solche mit einer Unterproduktion weitergeleitet. Die unterschiedlichen Klimazonen in Europa erleichtern diese Aufgabe erheblich: Irgendwo auf dem Kontinent weht immer ein Wind, oder es scheint die Sonne. Je grösser nun eine Zone ist, innerhalb derer Stromleitungen zum Energie-austausch bestehen, desto besser werden die Unregelmässigkeiten in der Produktion ausgeglichen. Hier setzt das Projekt Supergrid (Su-pernetz) an.

27 Schema des Supergrid-Projekts für Europa und Nordafrika[90]

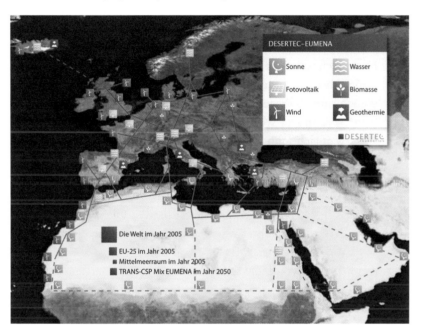

Die roten Linien stellen die Leitungen dar, welche die Stromproduktionsstätten miteinander verbinden sollen. Gestrichelt markiert sind Leitungen, um die das Netz längerfristig erweitert werden soll. Die drei ersten roten Quadrate im Raum der Sahara sind so gross wie die Flächen, welche theoretisch nötig sind, um den weltweiten Stromkonsum, den Stromkonsum der EU-25 und jenen des Mittelmeerraums zu de-cken. Das vierte Quadrat, welches mit TRANS-CSP Mix EUMENA 2050 beschriftet ist, steht für einen anderen Ansatz. Diese Fläche wäre nötig, um die Energie zu produzie-ren, mit der Meerwasser entsalzt und zwei Drittel des Strombedarfs Nordafrikas und

---

90 Quelle: © Desertec Foundation, 2009, S. 35.

des Mittleren Ostens gedeckt werden kann. Ausserdem könnten damit noch 20 Prozent des Stroms für die EU-25 produziert werden. Selbstverständlich müssten die Energieproduktionsstätten gut verteilt werden, damit nicht dieselbe geografische Konzentration wie beim Erdöl entsteht.

Das Supergrid, ein Konzept für ein Stromleitungsnetz über lange Distanzen, entstand aus der Überlegung heraus, den Strom unabhängig von den momentanen meteorologischen Bedingungen gleichmässig verteilen zu können. Zu diesem Zweck sollen Leitungen mit Hochspannungsgleichstrom (HGÜ[91]) verwendet werden. Diese Technologie, die bereits erfolgreich eingesetzt wird, erlaubt es, Strom über Tausende von Kilometern mit Leitungsverlusten von lediglich rund 5 Prozent auf 1000 Kilometer zu transportieren. Der heute verwendete Wechselstrom bringt zu grosse Verluste mit sich, als dass es sich lohnen würde, ihn weiter als einige Hundert Kilometer zu transportieren.

Hochspannungsgleichstromleitungen werden bereits heute bei mehreren Projekten auf dem Festland oder unter dem Meeresspiegel verwendet. Der Grund dafür liegt darin, dass Gleichstromleitungen unter der Erde oder unter Wasser einfacher verkabelt werden können.

Aus globaler Perspektive eröffnen diese Technologien entscheidende Wege für eine Zukunft mit erneuerbaren Energien. Jenen Leserinnen und Lesern, die sich näher darüber informieren wollen, sei die Website www.desertec.org empfohlen. Das Supergrid ist jedoch auch für die Schweiz in mehrerlei Hinsicht interessant:[92]

• Das Supergrid würde es erlauben, erneuerbaren Strom aus dem Mittelmeerraum und von der Atlantikküste zu importieren.

• Ein solch internationales Stromleitungsnetz macht unsere Staudämme attraktiver. Wenn in Europa zu viel Atom- oder Kohlestrom produziert wird, importieren wir diesen bereits heute und

---

91 HGÜ = Hochspannungs-Gleichstrom-Übertragung (engl.: HVDC).
92 Mehr Informationen unter http://de.wikipedia.org/wiki/Sonnenwärmekraftwerk. Siehe auch Steinberger, J., Nordmann, R., 12.2.2009.

pumpen damit Wasser in die Stauseen hinauf. Dies geschieht insbesondere nachts. Dieses Wasser wird später benutzt, um Strom zu produzieren, wenn dieser knapp ist. Mit anderen Worten: Die Schweiz kauft billigen Strom und verkauft ihn wieder, wenn er teuer ist. Dieses lukrative Geschäft könnte künftig eine noch grössere Rolle spielen, um die Unregelmässigkeiten bei der Stromproduktion aus erneuerbaren Quellen auszugleichen.

- Die Positionierung der Schweiz und ihrer Stauseen in diesem europäischen Gleichstrom-Netz stellt eine grosse Chance dar. Bereits ist ein Netz, das die nordafrikanischen Wüsten mit der windigen Westküste Europas und den grossen Zentren verbinden soll, in Planung.
- Die wirtschaftlichen Perspektiven dieses Projekts sind ebenfalls interessant. Das weltweit führende Unternehmen für den Transport von Gleichstrom ist niemand anderes als die schweizerisch schwedische ABB. Die ABB erstellte namentlich eine 2000 Kilometer lange Gleichstromleitung zwischen Schanghai und dem Drei-Schluchten-Staudamm.

Am Anfang stand ein Beschluss Deutschlands

Die Fortschritte, welche bei den erneuerbaren Energien erzielt wurden, kommen nicht von ungefähr. Ausgelöst wurden sie durch mehrere europäische Länder – allen voran Deutschland –, die eine entschlossene Klima- und Industriepolitik verfolgen. Als die Regierung Schröder 1998 an die Macht kam, führte sie das System der Einspeisevergütung ein und perfektionierte es in der Folge (siehe Kasten nächste Seite). Die Einspeisevergütung löste eine Welle der Industrialisierung und des technischen Fortschritts bei der Windkraft, der Fotovoltaik und der Biomasse aus. Sie war der Hauptgrund dafür, dass die Kosten der erneuerbaren Energien sanken. Deutschland wurde zum weltweiten Leader in diesem Bereich und schuf damit einen guten Teil seiner 305 000 Arbeitsplätze im Sektor der erneuerbaren Energien.[93] Dies entspricht schon fast so vielen Arbeitsplätzen, wie die deutsche Automobilindustrie vor der Wirtschaftskrise von 2008/2009 vorzuweisen hatte. Angela Merkel verfolgt die erfolgreiche Politik ihres Vorgängers im Grundsatz weiter.

Das Resultat nach rund zehn Jahren ist höchst erfreulich, wie die folgende Grafik zeigt. Von 1997 bis 2009 stieg der Anteil der erneuerbaren Energien am deutschen Stromverbrauch von 1 auf 13 Prozent an. Inzwischen haben Dutzende anderer Staaten das deutsche System übernommen. Auch die Schweiz kennt unterdessen eine Einspeisevergütung.

28   Prozent-Anteil des Stroms aus erneuerbaren Energien am gesamten Stromverbrauch Deutschlands[94]

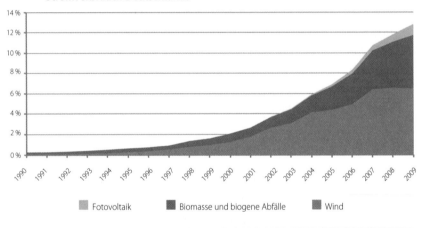

■ Fotovoltaik   ■ Biomasse und biogene Abfälle   ■ Wind

Die Einspeisevergütung

Die Grundidee der Einspeisevergütung besteht darin, den Produzenten von Strom aus erneuerbaren Energien einen kWh-Preis zu garantieren, der ihre Investitions- und Betriebskosten deckt. Damit werden aber nur jene kWh finanziert, die effektiv ins System einge-

---

93 Quelle: BMU, 18. 10. 2010.
94 Quelle: BMU, 2010, S. 20.

speist werden – und zwar für eine festgelegte Dauer von beispielsweise zwanzig Jahren. Auf diese Weise ist der Produzent gezwungen, effizient zu arbeiten, damit sich seine Investitionen auch bezahlt machen. In diesem Punkt besteht ein grundlegender Unterschied zu herkömmlichen Subventionen. Mit Subventionen zahlt der Staat einen Pauschalbeitrag beim Bau aus. Er garantiert aber nicht, dass die Anlage funktioniert, und bietet auch keine Anreize dafür. Die vertragliche Garantie, welche die Einspeisevergütung während eines fixen Zeitraums bietet, erlaubt es zudem den Banken, sich ohne grosses Risiko zu engagieren. Dies erleichtert den Fortschritt wesentlich.

Jährlich werden die Tarife für neu installierte Anlagen nach unten angepasst. Damit wird den Fortschritten in der Technik und der Industrialisierung beim Bau von Anlagen Rechnung getragen. Somit profitieren die Pioniere von höheren Tarifen. Dies bietet Anreize, rasch zu investieren, und fördert indirekt die Industrialisierung und den Fortschritt. Die Folge sind weitere Kostensenkungen.

In der Schweiz wurde die sogenannte kostendeckende Einspeisevergütung für erneuerbare Energien im März 2007 von den eidgenössischen Räten im Rahmen der Behandlung des Stromversorgungsgesetzes angenommen. Im Juni 2010 beschloss das Parlament, mehr Mittel für die Einspeisevergütung zur Verfügung zu stellen, weil der Bund mit Projekten überhäuft wurde. In der Schweiz fallen kleine Wasserkraftwerke, Windkraft, Strom aus Biomasse, Geothermie und Fotovoltaik unter die Einspeisevergütung. Die Beiträge für Sonnenstrom wurden in einem ersten Schritt streng eingeschränkt. Damit sollte vermieden werden, dass das System übermässig beansprucht wird. Denn als das Gesetz vom Parlament beraten wurde, waren die Kosten für Solarstrom hoch. Finanziert wird das System durch einen Aufschlag von maximal 0,9 Rappen pro kWh auf dem in der Schweiz verbrauchten Strom. Dies entspricht etwa 4 Prozent des Endpreises, den die Verbraucherinnen und Verbraucher zahlen.

Das Wichtigste in Kürze

- Die Fortschritte, die in den letzten zwanzig Jahren bei der Produktion von Strom aus erneuerbaren Energie erzielt wurden, sind enorm.

- Dieser Fortschritt eröffnet Perspektiven, die früher nicht vorstellbar waren. Eine Wende hin zu einer Stromproduktion nur aus erneuerbaren Energien wird möglich.

- Die Nutzung von Strom aus erneuerbaren Quellen ermöglicht eine viel höhere Effizienz in der Umwandlungskette als fossile Energien oder Biotreibstoffe.

- Die Kosten der Stromproduktion aus erneuerbaren Quellen sind in bemerkenswertem Mass gesunken. Der Grund dafür sind beharrliche politische Anstrengungen, die eine Industrialisierung gefördert haben.

- Neben der Windkraft und der Fotovoltaik sind insbesondere auch Sonnenwärmekraftwerke (Solarthermie) vielversprechend.

- Wachstumsraten von Dutzenden von Prozenten lassen erwarten, dass die Stromproduktion bald von den erneuerbaren Energien dominiert sein wird.

6 Der Energieverbrauch und die CO$_2$-Emissionen in der Schweiz

29 Der Energieverbrauch und die Emissionen (2007 und 2008)[95]

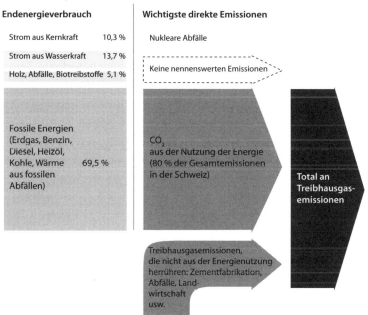

Endenergieverbrauch

Strom aus Kernkraft 10,3 %

Strom aus Wasserkraft 13,7 %

Holz, Abfälle, Biotreibstoffe 5,1 %

Fossile Energien (Erdgas, Benzin, Diesel, Heizöl, Kohle, Wärme aus fossilen Abfällen) 69,5 %

Wichtigste direkte Emissionen

Nukleare Abfälle

Keine nennenswerten Emissionen

CO$_2$ aus der Nutzung der Energie (80 % der Gesamtemissionen in der Schweiz)

Treibhausgasemissionen, die nicht aus der Energienutzung herrühren: Zementfabrikation, Abfälle, Landwirtschaft usw.

Total an Treibhausgasemissionen

95 Quellen: BFE, Schweizerische Gesamtenergiestatistik, 2008, und BAFU, Entwicklung der Treibhausgasemissionen seit 1990, April 2010. Diese Grafik stellt die Stromproduktion, die Wärmeproduktion und den Import fossiler Energieträger in die Schweiz dar. Beschrieben wird die in der Schweiz verbrauchte Energie und nicht die Primärenergie. Deshalb findet auch nur der Nettoanteil der Nuklearenergie (der produzierte Strom und der winzige Teil an nuklearer Wärme, die genutzt werden) Berücksichtigung. Die Bruttowärme, die von den Kernkraftwerken freigesetzt wird und von denen zwei Drittel durch die Kühlungssysteme ungenutzt verpuffen, findet hier keinen Niederschlag. Die Darstellung ist zudem vereinfacht. Nicht berücksichtigt wurden: 0,8 % fossile Elektrizität, 0,4 % andere erneuerbare Elektrizität und 0,1 % nukleare Wärme.

Bevor man über Massnahmen diskutiert, muss zunächst geklärt werden, was für die Schweiz auf dem Spiel steht. Abbildung 29 gibt einen Überblick über den derzeitigen Energieverbrauch und die CO_2-Emissionen in unserem Land.

Die linke Hälfte der Grafik zeigt, woher die Energie stammt, die wir in der Schweiz verbrauchen. 70 Prozent unseres Gesamtenergieverbrauchs decken wir mit fossilen Energien. Zusammen mit den 10 Prozent an Kernenergie und diversen anderen Quellen beläuft sich der Anteil der nicht erneuerbaren Energien damit auf 81 Prozent. Die Elektrizität kommt auf einen Anteil von lediglich einem Viertel am Gesamtenergieverbrauch. Etwas mehr als die Hälfte davon stammt aus Wasserkraft, der übrige Teil aus Kernkraft. Dabei gilt es zu beachten, dass zwar 40 Prozent des produzierten Stroms aus Nuklearenergie stammen, dessen Anteil am Gesamtenergieverbrauch der Schweiz aber lediglich 10 Prozent beträgt.

Die rechte Hälfte der Grafik zeigt, dass 80 Prozent der Schweizer Treibhausgasemissionen durch die Nutzung fossiler Energien verursacht werden. Die beiden Probleme sind somit wie bereits gesehen eng miteinander verknüpft.

Der Ursprung der CO_2-Emissionen in der Schweiz

Wollen wir unsere Treibhausgasemissionen reduzieren, ist es unumgänglich, dass wir unseren masslosen Verbrauch an fossilen Energien einschränken. Dazu ist es notwendig, zu wissen, welche menschlichen Tätigkeiten die Treibhausgasemissionen verursachen (vgl. Abbildung 30).

Allein der Land- und Luftverkehr (Emissionen der Treibstoffe, blau markiert) ist für 47 Prozent der CO_2-Emissionen verantwortlich. Davon nehmen Auslandflüge einen beträchtlichen Anteil ein. Sie unterliegen indes noch keiner internationalen Regulierung. Auf die sogenannten Brennstoffe (rosa und rote Töne), also die Verbrennung fossiler Energien zur Erzeugung von Wärme in Häusern und der Industrie, entfallen 48 Prozent der CO_2-Emissionen.

30 Der Ursprung der CO_2-Emissionen aus fossilen Energien im Jahr 2007[96]

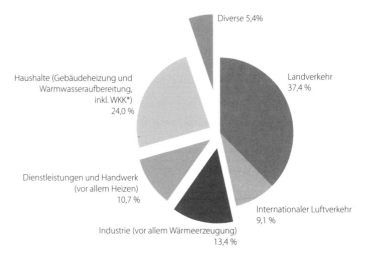

Diverse 5,4%

Haushalte (Gebäudeheizung und Warmwasseraufbereitung, inkl. WKK*) 24,0 %

Landverkehr 37,4 %

Dienstleistungen und Handwerk (vor allem Heizen) 10,7 %

Internationaler Luftverkehr 9,1 %

Industrie (vor allem Wärmeerzeugung) 13,4 %

- *Die Emissionen des internationalen Luftverkehrs werden immer jenem Land angerechnet, in dem der Tank gefüllt wird: Auslandflüge werden der Schweiz angerechnet, Flüge in die Schweiz dem Herkunftsland. Den überflogenen Ländern, die nicht für den Flug verantwortlich sind, werden keine Emissionen angerechnet.*
- *In die Kategorie des Landverkehrs fallen auch die minimen Emissionen aus Inlandflügen.*
- *Emissionen des Dienstleistungssektors: Zu einem grossen Teil sind dies Gebäudeheizung und Warmwasseraufbereitung.*
- *Diverse = CO_2-Emissionen, die auf fossile Energien in der Landwirtschaft, in der Forstwirtschaft, auf den Baustellen, in der Armee und in Raffinerien zurückgehen.*

*WKK = Wärme-Kraft-Kopplung (vgl. dazu Fussnote 136, Seite 164).

Die Emissionen aus Brennstoffen und jene aus Treibstoffen entwickeln sich jedoch verschieden (vgl. Abbildung 31, Seite 114). Der CO_2-Ausstoss aus Brennstoffen ging zwischen 1990 und 2008 um 12 Prozent zurück, obwohl die Fläche der Wohnungen und Ge-

---

96 Quelle: BAFU, Entwicklung der Treibhausgasemissionen seit 1990, April 2010.

schäftsräume zunahm. Dieser wichtige Fortschritt geht auf Gebäudesanierungen und Effizienzgewinne in der Industrie zurück. Die CO_2-Emissionen aus Treibstoffen (Kerosin ausgenommen) nahmen dagegen im selben Zeitraum um 13 Prozent zu. Die Emissionen, welche durch Auslandflüge verursacht wurden, stiegen zwischen 1990 und 2007 gar um 28 Prozent an.

31 Die CO_2-Emissionen der Schweiz aus Brenn- und Treibstoffen (ohne Kerosin)[97]

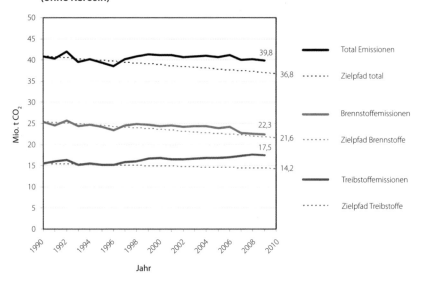

Jahr

Die gepunkteten Linien stellen den Zielpfad dar, den die Emissionen zwischen 1990 und 2010 einschlagen müssten, um die Ziele des CO_2-Gesetzes von 1999 zu erreichen: – 8 Prozent für die Treibstoffemissionen, –15 Prozent für die Brennstoffemissionen. Während wir uns beim Brennstoff auf gutem Weg befinden, dieses Ziel zu erreichen, sind wir beim Treibstoff noch weit davon entfernt. Dies erstaunt wenig, wurden doch bisher keine ernsthaften Massnahmen ergriffen, um die Emissionen des Strassenverkehrs zu senken.

---

97 Quelle für die Grafik und die Zahlen: © BAFU, Emissionen nach CO_2-Gesetz und Kyoto-Protokoll, 18.6.2010.

Die gesamten Treibhausgasemissionen der Schweiz befinden sich heute auf demselben Niveau wie 1990. Gemäss dem CO$_2$-Gesetz hätten sie jedoch um 10 Prozent und gemäss dem Kyoto-Protokoll um 8 Prozent (mittleres Ziel für die Periode 2008–2012) sinken sollen. Wenn diese Ziele erreicht werden, was unwahrscheinlich ist, dann nur mithilfe einer «kreativen Buchhaltung». Gemeint sind damit die Anrechnung von CO$_2$-Senken[98] und der Erwerb von CO$_2$-Zertifikaten im Ausland. Im Gegensatz zu nachhaltigen strukturellen Reduzierungen des Verbrauchs in der Schweiz müssen ausländische CO$_2$-Zertifikate jedes Jahr wieder gekauft werden, um die unveränderten Emissionen im eigenen Land zu kompensieren. Diese Kosten gesellen sich zu jenen für den Kauf fossiler Energien. Letzten Endes ist diese «Strategie der Energieineffizienz», die der Bundesrat teilweise vertritt (vgl. dazu Seite 76), also sehr kostspielig.

Wie wir gesehen haben, sind es zwei Bereiche, in denen der Energieverbrauch und der Treibhausgas-Ausstoss besonders gross sind:

1. *Der Verkehr:* Die CO$_2$-Emissionen wachsen ständig Jahr für Jahr. Unser Verkehrssystem verbraucht viel zu viele fossile Energien. Hinzu kommt, dass wir unsere Verkehrsmittel immer häufiger benutzen, sei es beim motorisierten Individualverkehr, beim Flugverkehr oder beim Gütertransport.
2. *Wohnhäuser und Dienstleistungsgebäude:* Wir verbrauchen in diesem Bereich viel Energie für die Heizungen und für Warmwasseraufbereitung.

---

98 Sogenannte CO$_2$-Senken sollen das CO$_2$ aus der Atmosphäre dauerhaft binden. Die Schweiz etwa lässt ihre Wälder als Senken anrechnen. Dahinter steht die Idee, dass die Bäume wachsen und dabei CO$_2$ aus der Atmosphäre aufnehmen. Dieser Effekt ist jedoch nicht dauerhaft, denn eines Tages sterben die Bäume ab und zersetzen sich. Auch ein Sturm oder ein Brand können einen Wald plötzlich vernichten. Ein Land, das diesen CO$_2$-Bindungseffekt geltend macht, ist deshalb auch verpflichtet, sich solche unerwarteten CO$_2$ Freisetzungen als Emissionen anrechnen zu lassen.

Zusammen machen der Verkehr und die Gebäude sieben Achtel des gesamten Verbrauchs an fossilen Energien aus. Bei den Gebäuden sind die Emissionen der Dienstleistungsbetriebe und des Handwerks mit eingerechnet, da sie weitestgehend beim Heizen und Aufwärmen von Wasser anfallen. Hier also besteht das grösste Reduktionspotenzial. Auf die Industrie entfällt dagegen bloss ein Achtel des gesamten Verbrauchs. Auch hier gibt es ein gewisses Potenzial, doch scheint es weniger gross zu sein. Denn angesichts des Kostendrucks haben die Firmen seit Langem ein Interesse daran, einigermassen rationell mit der Energie umzugehen.

Die Importe fossiler Energien kosten uns einiges: 2008 führte die Schweiz für 13,4 Milliarden Franken (vor Steuern) Erdölprodukte und Erdgas ein.[99] Insgesamt gaben die Endverbraucher 2008 nicht weniger als 23,4 Milliarden für ihre Einkäufe an fossilen Energien aus. Darin sind die Beförderung, das Raffinieren, die Verteilung und die Steuern einberechnet.[100] Wir haben neben dem Klimaschutz also auch ein lebhaftes wirtschaftliches Interesse daran, uns von fossilen Energien zu befreien.

Alles deutet darauf hin, dass diese Kosten künftig noch steigen werden, weil die Vorräte an Erdöl und Erdgas zur Neige gehen. Unabhängig vom Preis stellt sich auch die Frage der Verfügbarkeit: Wie lange schaffen wir es noch, genügende Mengen an Erdöl und Erdgas auf sichere und zuverlässige Art zu importieren?

Elektrizität: Die dritte grosse Herausforderung

Neben dem Verkehr und den Gebäuden stellt die Stromversorgung die dritte grosse Herausforderung in der Energie- und Klimapolitik dar. Der Grund dafür liegt auf der Hand: Die ältesten Kernkraftwerke in Beznau und Mühleberg kommen ans Ende ihrer Lebensdauer. Die neuesten Kernkraftwerke (Gösgen und Leibstadt) haben

---

99 BFE, Schweizerische Gesamtenergiestatistik, 2008, S. 49.
100 BFE, Schweizerische Gesamtenergiestatistik, 2008, S. 50.

auch bereits die Hälfte ihrer Betriebsdauer hinter sich. Diese Energieproduktion muss bald auf die eine oder andere Art ersetzt werden. Wie wir in Kapitel 3 gesehen haben, bringt die Kernkraft aber grosse Sicherheits- und Umweltprobleme mit sich. Es wäre deshalb wünschenswert, wenn die bestehenden Kernkraftwerke durch erneuerbare Energiequellen ersetzt würden.

Die Stromversorgung ist jedoch nicht nur energie-, sondern auch klimapolitisch von grosser Bedeutung. Dafür gibt es drei Gründe:

1. Über Elektrizität zu verfügen, bedeutet in vielen Fällen, dass man keine fossilen Energien benötigt. Das beste Beispiel ist der Verkehr: Eisenbahn und Elektroautos erlauben es, den Benzin- und Dieselverbrauch zu senken. Dasselbe Prinzip gilt aber auch für eine Ölheizung, die durch eine Wärmepumpe ersetzt wird (s. Kasten S. 162). In beiden Fällen werden nicht nur die CO$_2$-Emissionen, sondern auch der Gesamtenergieverbrauch gesenkt. Der Grund dafür liegt darin, dass bei der Nutzung von Strom viel geringere Energieverluste auftreten (vgl. Abbildung 19, Seite 87). Hingegen steigt durch eine solche Umstellung der Gesamtstromverbrauch – glücklicherweise aber in einem wesentlich geringeren Ausmass.

2. Der Strom, der in der Schweiz konsumiert wird, generiert in einem gewissen Mass versteckte CO$_2$-Emissionen. Bei der Kernkraft fallen wie gesehen während des gesamten Lebenszyklus beträchtliche indirekte Emissionen an. Dies gilt in einem viel geringeren Mass auch für erneuerbare Energien.

3. Die Schweiz importiert dann Kohlestrom, wenn dieser günstig auf dem Markt zu haben ist. Dieser Strom, der zu Schleuderpreisen angeboten wird, dient dazu, einen guten Teil des Schweizer Verbrauchs abzudecken (vor allem im Winter). Mit ihm werden aber auch Pumpen angetrieben, die unsere Stauseen füllen. Umgekehrt exportiert die Schweiz ihren Strom aus Wasserkraft zu Spitzenzeiten für teures Geld. Der schweizerische Strommix ist also nicht so sauber, wie immer gesagt wird. Eine Studie der

Erdgas-Lobby, die 2009 veröffentlicht wurde, hat dies sehr eindrücklich in Zahlen gefasst.[101]

Wenn wir uns nun von den fossilen Energien lösen, steigt unser Stromverbrauch. Investiert die Schweiz in diesem Fall also nicht in ihre eigene Stromproduktion und spart sie keine Energie ein, wäre sie gezwungen, beträchtliche Mengen Strom aus den Nachbarländern zu importieren. Dabei wäre das Risiko gross, dass der importierte Strom fossilen Ursprungs wäre. Die Treibhausgasemissionen würden also steigen, was ja gerade nicht das Ziel ist.

Klimapolitisch ist es deshalb zentral, wie wir unsere inländische Stromproduktion ausbauen können. Zunächst aber müssen wir unsere Energieeffizienz verbessern, um den Stromverbrauch zu senken. Ein Effizienzgewinn in der Grössenordnung von 30 Prozent ist machbar und realistisch.

Aus all dem folgt: Wir müssen für die Bereiche Verkehr, Gebäude und Stromproduktion veritable politische Modernisierungsprojekte lancieren und umsetzen. Diese Projekte werden in den drei nächsten Kapiteln erläutert.

Eine erste Etappe bis 2030

Dass wir unsere Energie einzig aus erneuerbaren Quellen beziehen, dürfte erst in der zweiten Hälfte des 21. Jahrhunderts realistisch werden. Denn die Infrastrukturen – insbesondere im Verkehr und bei den Gebäuden – werden nur sehr langsam erneuert. Hinzu kommt, dass dafür gewisse technische Fortschritte unabdingbar sind (zum Beispiel die Wärmespeicherung oder die Sanierung der Luftfahrt).

---

101 Quelle: Verband der Schweizerischen Gasindustrie, 2009. Die Studie muss indes vorsichtig interpretiert werden. Es kann nicht ausgeschlossen werden, dass die Branche damit den Bau von Gaskraftwerken in der Schweiz legitimieren will.

Hingegen ist ein Anteil erneuerbarer Energien von 50 Prozent schon sehr viel früher möglich, ohne dass unserer Wohlstand darunter leidet. Bis etwa 2030 kann dieses Ziel erreicht werden. Genau dieses ehrgeizige Vorhaben verfolgt die Sozialdemokratische Partei mit ihrer Volksinitiative «Neue Arbeitsplätze dank erneuerbarer Energien» (Cleantech-Initiative). Die drei Projekte, die im Folgenden skizziert werden, stehen in diesem Kontext.

Abbildung 32 zeigt, dass wir dieses Ziel jedoch nur dann erreichen, wenn wir unseren Energieverbrauch deutlich senken. Glücklicherweise bestehen dazu jedoch zahlreiche Möglichkeiten, da die fossilen Energien derart ineffizient sind. Will man einen Anteil von 50 Prozent erneuerbaren Energien am Gesamtverbrauch erreichen, müssen folgende Bestrebungen verfolgt werden:

1. Die Gebäude müssen saniert werden: Bessere Isolationen und Wärme aus erneuerbaren Energien sind gefragt. Bis 2030 muss der Verbrauch an fossilen Energien um die Hälfte gesenkt werden. Es ist möglich, dieses Ziel ohne jeglichen Verlust an Komfort zu erreichen.

2. Der öffentliche Verkehr muss gestärkt und der motorisierte Individualverkehr erheblich elektrifiziert werden. Der zusätzliche Stromverbrauch, der dadurch anfällt, muss mit Effizienzgewinnen in jenen Bereichen kompensiert werden, in denen schon heute Elektrizität verwendet wird.

3. Da der Strom, der durch Effizienzgewinne eingespart wird, für neue Zwecke – insbesondere in der Mobilität – eingesetzt wird, sinkt der Stromverbrauch nicht. Die derzeitige Produktionsmenge an Nuklearstrom muss deshalb gänzlich durch Strom aus erneuerbaren Quellen ersetzt werden.

Die Grafik auf der folgenden Seite illustriert die Auswirkungen eines solchen Wandels: Der Gesamtenergieverbrauch sinkt, nicht aber der Stromverbrauch.

32　Vergleich der gesamten Energieversorgung im Jahr 2008 mit der Situation bei einem Anteil von 50 Prozent erneuerbaren Energien im Jahr 2030[102]

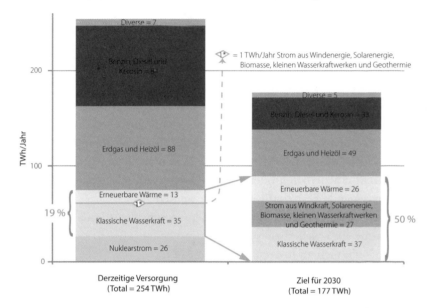

Käme es zu einem solchen Wandel, würde die Abhängigkeit der Schweiz von Energieimporten drastisch sinken. Derzeit werden 70 Prozent der Energie, die wir in unserem Land verbrauchen, in Form fossiler Energien importiert. Weitere 10 Prozent werden in der Schweiz mit importiertem Kernbrennstoff produziert. Insgesamt hängen also 80 Prozent unseres Energieverbrauchs von Importen ab. Mit all den Risiken, die dies mit sich bringt, wie Preiserhöhungen oder einem Unterbruch in der Versorgung. Mit einem Anteil von 50 Prozent erneuerbaren Energien würde die Abhängigkeit von Importen in ebendiesem Mass sinken. Der mögliche Import einiger TWh Windstrom von der Nordsee würde daran nichts Wesentliches ändern.

---

102 Basis der Berechnungen: BFE, Schweizerische Gesamtenergiestatistik, 2008.

Die Ziele der Europäischen Union bis 2020

Die Europäische Union hat sich bis 2020 ehrgeizige Ziele gesteckt:

- «Senkung der Treibhausgasemissionen um mindestens 20 Prozent gegenüber dem Stand von 1990 [...]»;
- «Steigerung der Nutzung erneuerbarer Energiequellen (Wind, Sonne, Biomasse usw.) auf 20 Prozent der Gesamtenergieproduktion (derzeit ± 8,5 Prozent)»;
- «Senkung des Energieverbrauchs um 20 Prozent des voraussichtlichen Niveaus von 2020 durch Verbesserung der Energieeffizienz».[103]

Diese Ziele sind unter dem Kürzel «20-20-20» bekannt.

Das Wichtigste in Kürze

- 80 Prozent der Treibhausgasemissionen in der Schweiz bestehen aus CO$_2$, das bei der Nutzung fossiler Energien ausgestossen wird.
- Gebäude und Verkehr sind zu gleichen Teilen für so gut wie sämtliche CO$_2$-Emissionen verantwortlich.
- Die Schweiz importiert 81 Prozent ihrer Nutzenergie; davon sind 70 Prozent fossilen Ursprungs.
- Sollen 50 Prozent der Energieversorgung bis 2030 aus erneuerbaren, inländischen Quellen kommen, muss im Bereich der fossilen Energien ein beträchtlicher Effizienzgewinn erzielt werden.
- Parallel dazu muss die Effizienz bei der Nutzung von Strom gesteigert werden.
- Die Stromproduktion muss derart umstrukturiert werden, dass sie gänzlich aus erneuerbaren Quellen bestritten wird.

---

103 Europäische Kommission – Bürgerinfo. Das Klima- und Energiepaket der EU, 2008.

7   Projekt 1:
Eine intelligente Mobilität

Der Strassenverkehr und die Luftfahrt verbrauchen zusammen
mehr als ein Drittel der gesamten Energie in der Schweiz. Diese ist
meistenteils fossilen Ursprungs. Aus diesem Grund verursacht der
Verkehr auch 47 Prozent des CO_2-Ausstosses in unserem Land.
Und die Tendenz ist steigend – sowohl in absoluten Zahlen als auch
im Verhältnis zu den übrigen Emissionen. Eine umweltbewusste
Klima- und Energiepolitik muss deshalb unbedingt auch beim Verkehr ansetzen.

33 Die drei ausschlaggebenden Faktoren für den Energieverbrauch
und die CO_2-Emissionen des Verkehrs

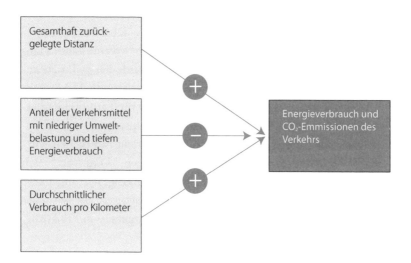

Das Hauptziel muss darin bestehen, den Verbrauch fossiler Energien im Verkehr stark zu senken. Die Politik kann auf drei Ebenen aktiv werden, um dies zu erreichen:

1. Einfluss nehmen auf den Mobilitätskonsum: Die Zahl der zurückgelegten Kilometer muss eingedämmt werden. Derzeit wächst diese immer noch ständig, weil die Leute immer häufiger unterwegs sind.
2. Einfluss nehmen auf die Wahl der Verkehrsmittel: Die Menschen sollen weniger umweltbelastende Verkehrsmittel bevorzugen.
3. Die Emissionen pro Kilometer mit besserer Technik senken: Für den sogenannten motorisierten Individualverkehr, also die Autos, ist dies von zentraler Bedeutung, da sie grosse Emissionen verursachen.

Wir haben es beim Verkehr also nicht nur mit technischen, baulichen, wirtschaftlichen oder organisatorischen Problemen zu tun. Verhaltensmuster und psychologische Faktoren spielen ebenfalls eine wichtige Rolle. Peter de Haan von der Eidgenössischen Technischen Hochschule in Zürich, ein Spezialist für die Verhaltensweisen beim Autokauf, hat in einem Vortrag einmal den Kauf eines Hauses mit dem Kauf eines Autos verglichen. Er zeigte dabei das Foto eines Einfamilien-Hauses und meinte dazu ironisch: «Wenn dieses Haus ein Auto wäre und ich ein Autoverkäufer, würde ich es Ihnen anpreisen, indem ich herausstreiche, wie leistungsstark die Heizung ist und dass diese das Haus innert drei Stunden von 0 auf 60 Grad erwärmen kann.»[104] Besser könnte man nicht illustrieren, wie irrational unser Mobilitätsverhalten ist. Es widerspricht sämtlichen wirtschaftlichen und ökologischen Überlegungen. Dies zeigt sich insbesondere darin, dass viele Leute übermässig leistungsstarke Fahrzeuge kaufen. Aber auch die riesigen Distanzen, die wir jedes Jahr zurücklegen, entziehen sich einer vernunftgemässen Erklärung.

---

104 Aus dem Gedächtnis zitiert, De Haan, P., 5. 3. 2009.

Offensichtlich ist es ein grundlegendes und sehr tief verankertes Bedürfnis des Menschen, mobil zu sein. Möglicherweise ist es gar in unserem Hirnstamm, dem sogenannten «Reptilienhirn», angelegt.

Das Denkvermögen des Menschen geht allerdings einiges weiter, ist es uns doch eigen, dass wir über uns selber nachdenken. Unser irrationales Verhältnis zur Mobilität ist also nicht gottgegeben. Deshalb müssen unbedingt Anstrengungen unternommen werden, die menschliche Mobilität zu zügeln. Es ist sehr wohl möglich, das Verhalten des Menschen auch dort zu beeinflussen, wo die Vernunft nur bedingt spielt. Dies zeigt das Beispiel der Verkehrssicherheit eindrücklich: Zwischen 1971 und 2008 ging die Zahl der Verkehrstoten in der Schweiz von jährlich 1773 auf 357 zurück. Sicherere Autos, der medizinische Fortschritt und bauliche Massnahmen auf den Strassen waren mit ausschlaggebend dafür – aber eben nicht nur. Die Zahl der Unfälle sank insbesondere auch, weil sich das Bewusstsein der Verkehrsteilnehmenden veränderte. Wie gross dieses Umdenken war, zeigt sich nicht zuletzt darin, dass der Strassenverkehr zwischen 1971 und 2008 nicht etwa unverändert blieb, sondern sich mehr als verdoppelte.[105] Diese Fortschritte in der Verkehrssicherheit müssen als Vorbild dienen, um den Verkehr energieeffizienter und umweltverträglicher zu gestalten.

Erste Handlungsebene: Den Verkehr zügeln

2005 kosteten uns die Verkehrsmittel 82 Milliarden Franken. Dies entspricht 18 Prozent des Bruttoinlandsprodukts.[106] Der Wert der Zeit, welche die Autofahrenden am Steuer verbringen, ist darin nicht einmal berücksichtigt. Angesichts solcher Dimensionen ist es fraglich, ob zusätzlicher Verkehr unseren Wohlstand und unsere Lebensfreude überhaupt noch mehren würde. Eher dürfte das Gegenteil der Fall sein. Die Anzeichen dafür sind schon sichtbar: Nicht nur, dass

---

105 BFS T 11.3.5.1 und T 11.3.2.1.
106 BFS, Transportrechnung 2005, 2009, S. 12.

uns die Mobilität enorm viel kostet, wir wenden auch sehr viel Zeit dafür auf. Umweltfreundliche Transportmittel und technische Optimierungen in Ehren – zuerst einmal gilt es davon zu sprechen, wie der Verkehr in vernünftigen Grenzen gehalten werden kann. Die drei wichtigsten Instrumente sind dabei die Raumplanung, die Sensibilisierung der Bevölkerung und die Infrastrukturplanung.

Eine Raumplanung für weniger Mobilität

Die Raumplanung hat einen entscheidenden Einfluss darauf, wie oft wir unterwegs sind und welche Verkehrsmittel wir dabei wählen. Wählt ein Investor einen bestimmten Standort für eine menschliche Aktivität wie Wohnen, Einkaufen oder Freizeitvergnügen aus, so prägt er damit während Jahrzehnten die Mobilitätsbedürfnisse. Ein anschauliches Beispiel sind die vielen verstreuten Einfamilienhausquartiere, die weit entfernt von den städtischen Zentren liegen. Sie haben zur Folge, dass die Menschen längere Distanzen zurücklegen müssen – und zwar zumeist im Auto. Die Zersiedelung verhindert also, die öffentlichen Verkehrsmittel effizient zu betreiben. Es wäre deshalb weitaus vorteilhafter, Wohnsiedlungen in Gebieten zu fördern, die bereits vom öffentlichen Verkehr bedient werden. Die verdichteten urbanen Gebiete bieten grosse verkehrstechnische Vorteile, sofern sie intelligent und menschenfreundlich konzipiert sind. Hier müssen die Menschen weniger lange Wege zurücklegen, und der öffentliche Verkehr kann einen grossen Teil dieser Mobilität übernehmen. Ähnliche Überlegungen müssen auch in Bezug auf die Arbeitsplätze angestellt werden. Immer mehr Menschen arbeiten im Dienstleistungssektor. Deshalb sollten Wohn- und Arbeitsgebiete öfter durchmischt werden. Dies würde es ermöglichen, dass mehr Leute in der Nähe ihres Arbeitsortes wohnen. Es sind also nicht nur ästhetische und umweltschützerische Gründe, die gegen die Zersiedelung der Landschaft sprechen. Auch energie- und klimapolitisch macht dies keinen Sinn. Nach wie vor herrscht aber ein enormer Siedlungsdruck. Deshalb müssen die raumplanerischen Instrumente des Staates unbedingt gestärkt werden, auch wenn die Rechte im Parlament genau das Gegenteil anstrebt.

34   Die Wechselwirkung Verkehr und Siedlungsentwicklung[107]

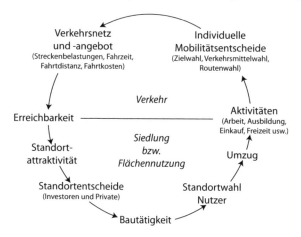

Die Menschen besser sensibilisieren

Weil unser Mobilitätsverhalten so irrational ist, spielt die Sensibilisierung eine entscheidende Rolle. Heute wird vor allem die Wahl des Verkehrsmittels thematisiert. Ein Beispiel dafür ist der Aktionstag «In die Stadt ohne mein Auto», der jeweils am 22. September stattfindet. Es wäre jedoch wichtig, die Sensibilisierungsarbeit auszuweiten. Dabei müsste vor allem die Frage gestellt werden, ob wir wirklich so oft unterwegs sein müssen. Auch muss der Bevölkerung vor Augen geführt werden, dass wir vor allem in der Freizeit und in den Ferien enorm viel reisen und dabei oft weite Strecken zurücklegen. Doch ist es wirklich notwendig, zwölf Stunden zu fliegen, um schöne Ferien zu verbringen? Fragen wie diese würden nebenbei auch hervorragende Argumente dafür liefern, die Ferien in der Schweiz zu verbringen oder moderne Hochgeschwindigkeitszüge wie den TGV zu benutzen.

Ein anderes wichtiges Problem, das angesprochen werden muss, ist die Wahl des Wohnorts und des damit verbundenen Pendlerver-

---

107 Quelle: Nach Wegener, M., 1995; angepasst durch das Bundesamt für Raumentwicklung.

kehrs. Die vielen Pendlerinnen und Pendler sind sich oft gar nicht bewusst, wie viel Zeit sie täglich im Zug oder im Auto verbringen. Weil ihre Wahrnehmung subjektiv ist, kann hier Einfluss ausgeübt werden. In der Gesundheitsprävention, der Tabakprävention oder bei der Strassensicherheit war man damit bereits erfolgreich. Die moderne Telekommunikation und das Internet erlauben es, vermehrt von zu Hause aus zu arbeiten und so weniger zu pendeln (sogenanntes Home-Office). Mittel wie Videokonferenzen sind für Unternehmen auch finanziell sehr interessant. Auf diese Weise können direkte und indirekte Kosten vermieden werden, die sich aus Flügen ergeben (Ticketpreis, Arbeitszeit, Müdigkeit).

Neue Infrastrukturen mit Mass bauen

Stellt man der Bevölkerung neue Infrastrukturen (Strassen oder Netze des öffentlichen Verkehrs) zur Verfügung, hat dies einen enormen Einfluss auf den Verkehr. Die Erfahrung zeigt, dass ein überlastetes Strassenstück, das ausgebaut wird, einige Jahre später erneut an seine Kapazitätsgrenzen gelangt. Oder anders gesagt: Kann eine Strasse von vielen Fahrzeugen befahren werden, dann nutzen auch viele Lenkerinnen und Lenker diese Möglichkeit. Verzichtet man dagegen darauf, eine Strasse auszubauen, stabilisiert sich die Menge der Autos auf der entsprechenden Strecke automatisch. Diese allgemeine Feststellung soll indes nicht in ein absolutes Baumoratorium münden. Punktuelle Verbesserungen sind sinnvoll – insbesondere aus Sicherheitsgründen. Auch die Situation von Anwohnern kann durch einen Ausbau korrigiert werden. Hingegen müssen die Kapazitäten der Hauptachsen, die in eine Stadt hineinführen, durch eine menschenfreundlichere Gestaltung des öffentlichen Raums beschränkt werden. Auch eine restriktive Parkplatzpolitik kann mithelfen, den Verkehr in Grenzen zu halten.

Beim Ausbau des Strassen- und Schienennetzes in unserem Land müssen also klare Prioritäten gesetzt werden. Die Gesamtausgaben müssen nicht erhöht werden. Vielmehr muss die ständige Erweiterung des Strassennetzes gestoppt werden. Die so eingesparten Gelder können für die Verbesserung der Verkehrsnetze umweltschonender Verkehrsmittel wie des öffentlichen Verkehrs und des sogenannten Langsamverkehrs (Velo und Fussgänger) verwendet werden. Genau dies schlägt die Volksinitiative «Für den öffentlichen Verkehr» vor, die der VCS Verkehrs-Club der Schweiz am 6. September 2010 eingereicht hat. Die Initiative zielt auf ein zentrales politisches Thema. Heute profitiert der Autoverkehr nämlich von einer automatischen Finanzierung, die es erlaubt, jedes Jahr für mehr als eine Milliarde Franken neue Autobahnen zu bauen. Der Unterhalt bestehender Autobahnen ist hier nicht eingerechnet.

Wie sich in jüngster Zeit gezeigt hat, wird aber gerade der Unterhalt bereits gebauter Verkehrsnetze künftig einiges Geld kosten. Auch aus diesem Grund wird es nötig sein, Ausbauten der Verkehrsnetze sorgfältiger als heute zu prüfen. Die Unterhaltskosten für das Schienen- und Strassennetz steigen so stark an, weil es derart rege benutzt wird. Im Falle des Strassennetzes könnten die Unterhaltskosten gar noch mehr in die Höhe schnellen als bei der Bahn, weil die Stahlbetonbauten, die einst für weniger Verkehr und leichtere Lastwagen konzipiert wurden, schneller altern. Dieser Druck, das Strassen- und Schienennetz funktionsfähig zu halten, hat zur Folge, dass weniger Geld für neue Strassen übrig bleibt. Die Prioritäten müssen folglich so oder so besser gesetzt werden.[108]

Zweite Handlungsebene: Der Wechsel auf umweltschonendere Verkehrsmittel

Wie sehr es uns auch gelingen mag, den Wachstumstrend der Mobilität zu brechen: Es steht ausser Frage, dass wir auch dann immer noch viel unterwegs sein werden. Transportmittel, die weniger Energie verbrauchen und die Umwelt weniger belasten, müssen deshalb privilegiert werden.

---

108 Vgl. UVEK, 2009.

Von den umweltfreundlichen und verbrauchsarmen Verkehrsmitteln besitzt der öffentliche Verkehr das grösste Potenzial, um noch mehr Reisende zu befördern. Folglich muss er deutlich ausgebaut werden. Die folgende Grafik zeigt, wie sparsam öffentliche Verkehrsmittel sind. Ein Zug verbraucht bei alltäglichen Verkehrsbedingungen und unter Berücksichtigung der Zahl transportierter Personen sechsmal weniger Energie als ein Auto. Bemerkenswert ist auch, dass Busse und Cars unter denselben Voraussetzungen im Durchschnitt ein Drittel der Energie eines Autos verbrauchen. Die öffentlichen Verkehrsmittel können ihre Leistung noch optimieren, wenn sie mehr Personen transportieren. Bei Autos kann dies hingegen auch dann nur schwer erreicht werden, wenn Fahrgemeinschaften gebildet werden. Personenzüge, Trams und Trolleybusse verbrauchen in der Schweiz insgesamt 2 TWh. Gleichzeitig werden mit ihnen 19 Prozent der Distanzen in der Schweiz zurückgelegt. Autos und Motorräder verbrauchen dagegen 48 TWh und kommen auf einen Anteil von fast vier Fünftel der Personenkilometer.[109]

35 Durchschnittlicher Energieverbrauch von Landtransportmitteln[110]

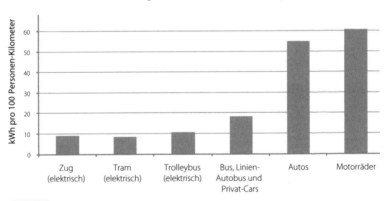

---

109 Quelle der Berechnungen in diesem Abschnitt: Metron Verkehrsplanung AG, 2009, und BFS T 11.3.2.2. Die Aufteilung der Personenkilometer auf die Transportmittel im Jahr 2008 ist aufgrund von Zahlen aus dem Jahr 2007 extrapoliert worden. Eine gewisse Unsicherheit besteht deshalb.

110 Ebd.

Der Wechsel auf den öffentlichen Verkehr muss jedoch einen ökologischen Mehrwert erbringen und wirtschaftlich tragbar sein. Dazu muss er gezielt ausgebaut werden. Handlungsbedarf besteht vor allem bei den mittelgrossen und grossen Verkehrsachsen in den Agglomerationen und grösseren Dörfern. Aber auch die Destinationen des Freizeitverkehrs sollten besser mit dem öffentlichen Verkehr erschlossen werden. Anders sieht es bei verstreuten Wohnsiedlungen oder sehr kleinen Dörfern aus. Hier kann der öffentliche Verkehr den Trumpf der Skalenerträge nicht ausspielen, weil auf einen Chauffeur nur wenige Passagiere kommen. Elektroautos und Schnittstellen mit dem öffentlichen Verkehr (Park and Ride) sind in solchen Gegenden vielversprechender.

Mit dem öffentlichen Verkehr zu reisen, ist im Übrigen noch kein ökologischer Akt an sich, denn Energie wird dabei ebenfalls verbraucht. Es ist lediglich ökologischer, als mit einem Auto unterwegs zu sein, das mit fossilen Energien betrieben wird. Ein Ausbau des öffentlichen Verkehrs macht ökologisch gesehen also nur dann Sinn, wenn gleichzeitig der motorisierte Individualverkehr abnimmt. Energie- und klimapolitisch wäre es unsinnig, wenn der öffentliche und der Strassenverkehr im Gleichschritt wachsen würden. Der Ausbau des öffentlichen Verkehrs muss deshalb mit einer restriktiven Strategie gegenüber dem Auto einhergehen.

Eine solche Strategie bedingt auch, dass der öffentliche Verkehr seine eigene Energieeffizienz fortwährend verbessert, um diesen Wettbewerbsvorteil nicht zu verlieren. Elektroautos könnten diesbezüglich nämlich eines Tages zu einer ernsthaften Konkurrenz werden.

Die Bahn ist jedoch nicht nur die ökologischere Alternative zum Auto, Hochgeschwindigkeitszüge wie der französische TGV sind bei Reisen ins nahe Ausland (1000 bis 1500 Kilometer Distanz) auch weitaus sinnvoller als das Flugzeug. Sie führen einen schnell von Stadtzentrum zu Stadtzentrum, ohne dass man sich noch zu einem Flughafen begeben müsste. Darüber hinaus bieten sie einen guten

Komfort. Hochgeschwindigkeitszüge sind zudem sparsam: Haben sie ihre Reisegeschwindigkeit einmal erreicht, benötigen sie sehr wenig Energie, um diese beizubehalten. Demgegenüber ist der Energiebedarf für Kurzstreckenflüge im Verhältnis zur zurückgelegten Distanz extrem hoch. Dies hängt damit zusammen, dass ein Flugzeug beim Start sehr viel mehr Treibstoff verbraucht als während des Flugs. Auf den vielen kurzen Strecken, die wir zurücklegen, bietet es sich an, zu laufen oder das Velo zu benutzen. Diese beiden Fortbewegungsarten, bei denen einzig körperliche Energie verbraucht wird, bieten nur Vorteile. Sie fördern die Gesundheit, sind emissionsfrei und billig. Darüber hinaus kommt man auf kurzen Distanzen zu Fuss oder mit dem Velo bedeutend schneller ans Ziel als mit dem Auto.[111] Wer in der Stadt zu Fuss geht oder das Velo benutzt, entlastet den öffentlichen Verkehr. Elektrovelos stellen auf kurzen Strecken ebenfalls eine sinnvolle Alternative dar, da ihr Energieverbrauch fast vernachlässigbar ist.[112]

Auch im Güterverkehr müssen wir auf mittleren und langen Distanzen Alternativen zum Lastwagen finden. Wenn es darum geht, ein Gewicht von einer Tonne einen Kilometer weit zu transportieren, verbraucht ein Zug sechsmal weniger Energie als ein Lkw und fünfzigmal weniger als ein Kleinlaster. Die Alternativen im Güterverkehr sind aber beschränkt, da auf kurzen Strecken und bei der Endverteilung der Strassenverkehr viel flexibler als die Bahn ist. Oft besteht auch gar nicht die Möglichkeit, Güter mit der Bahn zu transportieren. Interessant wäre eine Elektrifizierung der Kleinlastwagen. Sie verbrauchen 34 Prozent der Energie im Gütertransport,

---

111 Der deutsche Begriff «Langsamverkehr», unter dem Fuss- und Veloverkehr zusammengefasst werden, ist also irreführend. Passender ist der französischsprachige Terminus mobilité douce (sanfte Mobilität), für den es aber noch kein deutschsprachiges Pendant gibt.

112 Auf 100 Kilometer verbraucht ein Elektrovelo rund 1 kWh an Energie. Dies entspricht einem Deziliter Benzin oder einem Zehntel dessen, was ein Zug, ein Tram oder ein Trolleybus verbrauchen, um eine Person 100 Kilometer weit zu befördern. (Quelle: www.topten.ch/deutsch/ratgeber/ratgeber_e-bikes.html&fromid).

obwohl lediglich 4 Prozent der gesamten Tonnenkilometer auf sie entfallen. Der gesamte Güterverkehr auf der Strasse verbraucht 19 TWh an Energie. Die Bahn benötigt dagegen 1,3 TWh, wobei sie 40 Prozent der Tonnenkilometer übernimmt.

36 Der Energieverbrauch im Güterverkehr (durchschnittlicher Verbrauch in kWh, um eine Tonne einen Kilometer weit zu transportieren)[113]

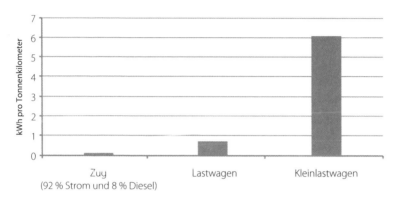

Die Schweiz verfolgt im Güterverkehr eine recht gute Politik. Ein beachtlicher Teil der Transporte wird bereits mit der Bahn abgewickelt, insbesondere auf der Nord-Süd-Achse. Diese Anstrengungen, die im Bau der Tunnels der Neuen Eisenbahn-Alpentransversale (NEAT) gipfelten, müssen weiterverfolgt werden. Verbesserungen sind aber vor allem beim Güterverkehr im Inland und bei den Transporten aus und in andere Länder nötig. Hier bieten Container, die sowohl für die Bahn wie für Lastwagen verwendet werden können, neue Möglichkeiten. Solche Systeme haben sich in letzter Zeit weltweit rasch ausgebreitet. Mittels dieser Container kann eine neue Güterverkehrsphilosophie umgesetzt werden, bei der sich Strasse und Bahn gegenseitig ergänzen: Die

113 Quelle der Grafik und der vorher genannten Zahlen: Metron Verkehrsplanung AG, 2009, und BFS, Güterverkehr auf Strasse und Schiene, 2009. Die Zahlen beinhalten eine gewisse Unsicherheit.

Strasse übernimmt Transporte auf kurzen Strecken und die Endverteilung. Die Bahn dagegen wird auf mittleren und langen Distanzen sowie für grosse Gütermengen eingesetzt. Möglich ist dies jedoch nur mit einer völlig integrierten logistischen Kette. Dies wiederum bedingt eine intensive Zusammenarbeit mit dem Ausland – und zwar auf politischer Ebene wie auch auf der Stufe der Eisenbahngesellschaften.

Wirtschaftliche Anreize

Wirtschaftliche Anreize wirken sich mittel- und langfristig sehr positiv aus. Dies zeigt der Vergleich Europas mit den USA. In Europa wurden die Treibstoffe seit der ersten Erdölkrise durch Steuern verteuert. Dies führte dazu, dass zunehmend Autos gekauft wurden, deren Treibstoffverbrauch tief ist. Die europäischen Autohersteller passten ihre Produktion entsprechend an. Gleichzeitig benutzten die Leute vergleichsweise mehr den öffentlichen Verkehr. Die Europäerinnen und Europäer richteten ihren Lebensstil also weniger auf das Auto aus, als dies in den USA der Fall war und ist. Europa besitzt deshalb heute einen wichtigen Wettbewerbsvorteil gegenüber den USA. Dieses Beispiel zeigt, wie das Mobilitätsverhalten über das Portemonnaie gelenkt werden kann.

Wirtschaftliche Instrumente können einen substanziellen Beitrag dazu leisten, einerseits den Verkehr zu verringern und andererseits ein Umsteigen auf umweltfreundlichere Verkehrsmittel zu fördern. In einem ersten Schritt müssen die Steuern auf fossilen Treibstoffen erhöht werden, etwa durch eine CO_2-Abgabe. Längerfristig sind andere Modelle wie beispielsweise eine Besteuerung nach zurückgelegten Kilometern denkbar (sogenanntes Mobility-Pricing). Ein Mobility-Pricing hätte einige Vorteile gegenüber der heutigen Treibstoffsteuer. Es kann danach differenziert werden, wo und wann jemand unterwegs ist. Die Abgabe im Rahmen des Mobility-Pricings kann auch gesenkt werden, wenn das Auto voll besetzt ist oder wenn es einen geringen Treibstoffverbrauch aufweist. Auch würden Randregionen, in denen es keinen oder kaum öffentlichen Verkehr gibt, von dieser Abgabe ganz oder zu grossen Teilen befreit. Im Gegensatz dazu würde die Abgabe in städtischen Ballungszentren zu Spitzenzeiten hoch ausfallen.

Darüber hinaus müssen falsche Anreize beseitigt werden:

* Fixe Steuern wie etwa die kantonale Motorfahrzeugsteuer müssen durch Steuern ersetzt werden, die sich nach dem Treibstoffverbrauch oder der Anzahl zurückgelegter Kilometer richten. So würden Anreize geschaffen, umweltverträglichere Wagen zu benutzen.

* Die Praxis, die Kosten des Arbeitsweges vollständig und zeitlich unbegrenzt vom steuerbaren Einkommen abzuziehen, muss geändert werden. Es handelt sich hierbei um eine regelrechte Mobilitätssubvention. Konkret könnten die heute höheren Abzüge für Autopendlerinnen und -pendler jenen der Bahnpendlerinnen und -pendler angepasst werden.

* Arbeitslose dürfen nicht mehr gezwungen werden, eine Arbeit anzunehmen, für die sie täglich drei Stunden Reisezeit einkalkulieren müssen. Solche Vorgaben sind völlig fehl am Platz.

Werden solche wirtschaftlichen Anreize geschaffen, muss eine gewisse soziale und geografische Gerechtigkeit gewahrt werden. Man kann Ungerechtigkeiten korrigieren, indem die Einnahmen einer Abgabe wieder an die Bevölkerung zurückgegeben werden. Wird dies gemacht, kann man nach geografischen Kriterien differenzieren. Die Abgaben können jedoch auch anderweitig genutzt werden: So würde die Bevölkerung eine CO_2-Abgabe auf Treibstoffen viel eher akzeptieren, wenn die Einnahmen daraus verwendet würden, um Alternativen zu Benzinautos zu fördern. Neben dem öffentlichen Verkehr könnten solche Alternativen etwa Elektroautos in Randregionen sein.

Dritte Handlungsebene: Der technische Fortschritt

Die meisten CO_2-Emissionen im Bereich der Mobilität verursacht der motorisierte Individualverkehr. Für den Rest sind die Luftfahrt und die Lastwagen verantwortlich. Alle Bemühungen, den Verkehr einzudämmen und ein Umsteigen auf Verkehrsmittel mit einem geringeren Energieverbrauch zu fördern, werden jedoch nichts daran ändern, dass auch künftig viele Leute das Auto benutzen. Es ist deshalb von grösster Wichtigkeit, den Treibstoffverbrauch und damit die CO_2-Emissionen zu senken. Dieses Ziel muss in zwei Etappen angestrebt werden:

1. Zunächst müssen unter den benzinbetriebenen Autos jene Typen privilegiert werden, die am wenigsten CO_2 ausstossen.
2. Danach muss so weit als möglich auf Elektroautos gewechselt werden, die weniger Energie verbrauchen. Dafür müssen bei den Elektroautos jedoch erst noch technische Fortschritte erzielt werden.

Dabei gibt es naturgemäss Überschneidungen. Hybridautos benutzen schon heute Strom, um die Effizienz des Verbrennungsmotors zu optimieren.[114] Eine Weiterentwicklung dessen sind sogenannte Plug-in-Hybride, die über eine leistungsfähigere Batterie verfügen und an der Steckdose aufgeladen werden können. Diese Elektroautos sind mit einem Benzin-, Diesel oder Erdgasgenerator ausgerüstet, man spricht von einem Range-Extender. Auf diese Weise kann die Reichweite des Wagens verlängert werden, wenn die Batterien leer sind.

---

114 Heutige Hybridwagen verfügen über einen Elektromotor, der dann für den Benzinmotor einspringt, wenn dieser ineffizient ist: bei niedrigen Tempi, beim Anfahren, in der Stadt und bei Stop-and-go-Verkehr. Der wenige Strom, der dazu notwendig ist, wird einerseits beim Bremsen erzeugt, andererseits wenn der Benzinmotor mit voller Kraft läuft.

Erste Etappe: Reduktion der CO_2-Emissionen

Die Schweizer Automobilflotte stösst derzeit 215 Gramm CO_2 pro Kilometer aus.[115] Dies entspricht einem Verbrauch von rund 9 Litern auf 100 Kilometer. Wie die Auto-Umweltliste des VCS Verkehrs-Club der Schweiz zeigt, besteht ein grosses Potenzial, um diese Emissionen zu reduzieren.[116] Auf dem Markt sind zahlreiche Modelle erhältlich, die nur halb so viel Benzin verbrauchen.

Aus diesen Gründen schlug der Bundesrat dem Parlament vor, denselben Weg wie die Europäische Union einzuschlagen. Die EU will den durchschnittlichen CO_2-Ausstoss ihrer Neuwagen bis 2015 auf 130 Gramm pro Kilometer senken. Solche Verpflichtungen sollen die Autoimporteure in der Schweiz dazu bringen, ihre Werbung anzupassen, die beim Autokauf eine entscheidende Rolle spielt. Die Pläne des Bundesrats stiessen jedoch auf heftigen Widerstand bei der Lobby der Importeure, die im Dachverband Auto-Schweiz organisiert sind. Unter deren Einfluss lehnte es die bürgerliche Mehrheit des Nationalrats im Juni 2010 ab, den vom Bundesrat vorgeschlagenen Weg zu verfolgen. Stattdessen schlug der Nationalrat eine Senkung auf lediglich 150 Gramm CO_2 pro Kilometer vor. Die lächerliche Begründung dafür lautete, die Bergbauern seien darauf angewiesen, grosse Offroader fahren zu können. Indes verdienen die Bergbauern bei Weitem nicht so viel Geld, als dass sie sich derart teure Autos mit Allradantrieb leisten könnten. Wenn die Autoimporteure deshalb von Bergregionen reden, meinen sie wohl eher den «Züriberg», wo sich die Villen der Grossverdiener befinden. Erst unter dem Druck der «Stopp-Offroader»-Initiative schwenkte die bürgerliche Mehrheit im Nationalrat schliesslich ein. In der Frühjahrsession wurde die Senkung auf 130 Gramm in der Schlussabstimmung endlich von beiden Räten angenommen.

Die Autohersteller können die CO_2-Emissionen auf verschie-

---

115 Grundlage: BFS, T 11.3.2.1, und BAFU, Entwicklung der Treibhausgasemissionen seit 1990, April 2010.
116 www.autoumweltliste.ch.

dene Weise auf 130 Gramm pro Kilometer senken. Sie können dazu klassische Technologien benutzen: Optimierung des Motors, Reduktion des Gewichts, des Hubraums und der Leistung und vermehrten Einsatz von Erdgasmotoren.[117] Diesen Weg wählen sie vermutlich für die Mittelklasse- und Kleinwagen. Die Autofahrenden profitieren davon auch finanziell, weil sie weniger Geld für Treibstoff ausgeben müssen. Bei den Luxuswagen ist davon auszugehen, dass vermehrt Hybridwagen gebaut werden, die weniger Treibstoff verbrauchen. Es dürfte auch nicht allzu lange dauern, bis fotovoltaische Zellen im Dach des Autos und Strom aus dem Netz als ergänzende Energiequellen beigezogen werden.

Zweite Etappe: Wechsel auf Elektroautos
Der Wechsel auf vollständig elektrisch angetriebene Autos benötigt Zeit, denn dafür müssen die Batterien noch verbessert werden. Stammt die Elektrizität, die für solche Autos verwendet wird, aus erneuerbaren Energien, sieht die Klima- und Energiebilanz hervorragend aus. Derzeit verbraucht der motorisierte Individualverkehr in der Schweiz nämlich 48 TWh an fossilen Energien.[118] Das entspricht 22 Prozent des Gesamtenergieverbrauchs. Würden die Autos in der Schweiz elektrifiziert und die Energieeffizienz durch leichtere Fahrzeuge um das Vierfache verbessert, wären nur noch etwa 12 TWh für den Individualverkehr notwendig. Dies entspräche etwa 20 Prozent des gegenwärtigen Stromverbrauchs. Diese zusätzliche Nachfrage könnte problemlos durch erneuerbaren Strom und durch Effizienzgewinne in den jetzigen Anwendungsbereichen der Elektrizität kompensiert werden.

---

117 Bei gleichem Energiegehalt sind die CO_2-Emissionen von Erdgas um ein Viertel geringer als diejenigen des Benzins (Quelle: BAFU, Energieinhalte und CO_2-Emissionsfaktoren von fossilen Energieträgern, 29. 3. 2007). Darüber hinaus entstehen bei der Verbrennung von Erdgas auch weniger lokale Schadstoffe. Erdgas kann also in einer Übergangsphase eine wichtige Rolle spielen.
118 Quelle: Metron Verkehrsplanung AG, 2009, und BFS T 11.3.2.2.

Es wäre jedoch eine Illusion zu glauben, ein Wechsel auf Elektroautos gehe ganz von selber und ohne Probleme über die Bühne. Die Politik steht hier vor verschiedenen Herausforderungen:

- In einer ersten Phase müssen die Forschung und Pilotprojekte gefördert werden. Der Druck auf die Automobilhersteller, den Verbrauch ihrer Wagen zu senken, wird ein Übriges dazu beitragen. Er bewirkte bereits, dass Hybridwagen entwickelt wurden.
- Sobald sich die Elektromobilität im Aufschwung befindet, sinkt der Benzinverbrauch rasch. Innerhalb von etwa zwanzig Jahren nach diesem Wendepunkt könnte die Schweizer Autoflotte weitgehend elektrifiziert sein. Dies bringt indes Probleme mit sich, die gelöst werden müssen. Das Schienen- und Strassennetz wird heute nämlich mit Einnahmen aus der Mineralölsteuer auf Benzin und Diesel finanziert. Je mehr Elektroautos aber die Benzinwagen verdrängen, umso weniger Geld steht zur Verfügung. Es müssen also neue Einnahmequellen gefunden werden. Denkbar wäre es, den Strom zu besteuern, der für die Mobilität verwendet wird. Eine weitere Möglichkeit bestünde darin, die Kilometer zu besteuern, die jemand mit Verkehrsmitteln zurücklegt (sogenanntes Mobility-Pricing).
- Elektroautos könnten einen neuen Mobilitätsboom auslösen, weil sie bedeutend günstiger sind als Autos, die mit Benzin oder Diesel betrieben werden. Es könnte also zum berühmten Rebound-Effekt kommen (siehe folgenden Kasten). Auch wenn also Elektroautos, die mit Strom aus erneuerbaren Energien fahren, die Schadstoffbelastung, die Lärmbelastung und die CO_2-Emissionen senken, bleiben offene Probleme wie das der Sicherheit oder dass die Strassen nach wie vor einen beträchtlichen Teil der Landschaft beanspruchen. Aus diesem Grund muss ein wirtschaftliches Korrektiv eingeführt werden, um die Elektromobilität zu verteuern, sobald sie den Durchbruch geschafft hat. Gleichzeitig müssen der öffentliche Verkehr weiter gefördert und Anstrengungen zur Verringerung des Verkehrs fortgeführt werden.

- Mit dem Durchbruch der Elektroautos steigt der Stromverbrauch. Diese zusätzlich notwendige Energie soll mit erneuerbarem Strom und Effizienzgewinnen in den heutigen Anwendungsbereichen der Elektrizität zur Verfügung gestellt werden. Die Planung dazu muss schon jetzt in Angriff genommen werden. Ein solches Programm zur Bereitstellung des Stroms für die Mobilität könnte auf der kostendeckenden Einspeisevergütung basieren (vgl. Seite 108). Dies bedingt allerdings, dass die Gelder für die Zahlung von Einspeisevergütungen generiert werden. In einer ersten Phase könnte dies durch eine zusätzliche Steuer auf dem Benzin geschehen. Danach müsste aber nach und nach die Besteuerung der Elektrizität für Mobilitätszwecke beigezogen werden.

Chancen und Probleme der Elektromobilität

Viel Energie einsparen ...

Grundsätzlich sind Elektroautos sehr attraktiv: Sie werden durch zwei kleine Motoren angetrieben, die an die Vorderräder angeschlossen sind. Ein grosser Motorblock mit Kupplung, Gangschaltung, Getriebe und Kühlung wird überflüssig. Auf diese Weise kann nicht nur Platz für die Passagiere gewonnen, sondern auch Gewicht eingespart werden. Weil Elektromotoren bei allen Geschwindigkeiten höchst effizient arbeiten, kann der Energieverbrauch gegenüber einem herkömmlichen Auto um rund das Vierfache gesenkt werden. Ein Kleinwagen, der im gemischten Fahrzyklus 40 kWh Benzin (= 4 Liter) auf 100 Kilometer verbraucht, könnte mit 10 kWh Strom oder – bei leichterer Bauweise – noch weniger auskommen. Hier besteht ein enormes Sparpotenzial: Die heutige Autoflotte der Schweiz weist nämlich einen durchschnittlichen Verbrauch von 80 kWh auf 100 Kilometer auf.

... und das Portemonnaie schonen

Diese Sparsamkeit macht Elektroautos auch finanziell interessant. Heute zahlen die Lenkerinnen und Lenker eines kleinen Wagens für die Energie, die sie verbrauchen, 7 bis 10 Franken auf 100 Kilometer. Mit einem Elektroauto, das auf derselben Distanz nur noch 10 kWh verbraucht, würden diese Kosten auf 2.50 bis 3 Franken sinken (unter der Annahme, dass keine Steuern auf dem Strom erhoben werden). Über die gesamte Lebenszeit eines Wagens kann man mit einem Elektroauto also 10 000 bis 15 000 Franken einsparen. Dies rechtfertigt einen höheren Kaufpreis oder höhere Unterhaltskosten. Die geringen Energiekosten pro Kilometer bei Elektroautos könnten auch zu einer Zunahme des Verkehrs führen (sogenannter Rebound-Effekt).

Fortschritt ist unbedingt notwendig

Derzeit harrt jedoch noch ein grosses Problem seiner Lösung: die Speicherung der Elektrizität. Die Batterien, die derzeit in Elektroautos zum Einsatz kommen, sind sehr schwer und benötigen viel Platz. Bei einigen Modellen besteht zudem das Risiko, dass sie sich überhitzen. Auch können die derzeit verwendeten Batterien nur langsam wieder aufgeladen werden. Ökologische Probleme ergeben sich auch bei der Herstellung und Entsorgung der Batterien. Zur Herstellung sind hauptsächlich besondere Metalle wie Lithium notwendig. Andere Technologien wie Brennstoffbatterien oder mit Druckluft angetriebene Autos sind dagegen nicht sehr leistungsstark. Hier geht von der Steckdose zum Elektromotor sehr viel Strom verloren.[119]

Ohne die komplexen technischen Probleme schönreden zu wollen, kann man aber davon ausgehen, dass Strom künftig immer häufiger für den Antrieb von Autos verwendet wird. Der Druck, die CO_2-Emissionen zu senken, hat bereits Wirkung gezeigt. Heute werden Autos angeboten, die teilweise elektrisch angetrieben sind (klassische Hybridwagen). Sogenannte Plug-in-Hybride kommen demnächst auf den Markt. Sie sind mit einem Elektro- und einem Benzinmotor aus-

---

119 Nebenbei bemerkt fällt auch bei benzin- oder dieselbetriebenen Autos graue Energie für die Förderung und das Raffinieren des Treibstoffs an.

gerüstet und können rund 100 Kilometer mithilfe des Stroms zurücklegen.

Der Strom muss aus erneuerbaren Energien stammen
Produziert man Elektrizität mithilfe von Kohle, werden rund 900 Gramm CO_2 pro kWh Strom ausgestossen. Benutzt man diesen Strom, um ein kleines Elektroauto anzutreiben, das auf 100 Kilometer 10 kWh verbraucht, ergibt dies einen CO_2-Ausstoss von 90 Gramm pro Kilometer. Berechnet man die Stromverluste beim Transport auf dem Leitungsnetz mit ein, liegt der Ausstoss noch höher. Unter solchen Umständen machen Elektroautos keinen Sinn: Gesamthaft betrachtet überwiegen in diesem Fall die ökologischen Nachteile der Kohlenenergie und der Batterien. Stammt der Strom für ein Elektroauto aber aus einem Gas-Kombikraftwerk, fällt die Bilanz schon um einiges besser aus. Die Emissionen würden in diesem Fall auf 45 Gramm pro Kilometer sinken. Wirklich zufriedenstellend ist aber auch dies nicht. Erst wenn der Strom aus erneuerbaren Energien stammt, macht die Elektrifizierung des Individualverkehrs ökologisch gesehen Sinn.[120]

Die Schweiz als Vorreiterin einer intelligenten Mobilität

Die Schweiz darf sich nicht mehr lange davor drücken wollen, ihre Verkehrsprobleme zu lösen. Der Strassenverkehr ist ungeheuer ineffizient und das Verbesserungspotenzial riesig. Die Autofahrenden müssen lernen, das Auto weniger und sinnvoller zu benutzen, sie müssen öfter auf den öffentlichen Verkehr umsteigen, und die Technik muss ebenfalls verbessert werden. Die Erfahrung der letzten Jahre hat gezeigt, dass ein bloss freiwilliges Engagement seitens der

---

120 Siehe dazu Guzzella, L., 2. 4. 2008.

Treibstoff- und Autoimporteure nicht genügt. Die CO_2-Emissionen der Autos werden nur dann deutlich zurückgehen, wenn verbindliche Vorschriften mit Anreizen kombiniert werden. Die Politik muss auf allen Ebenen von der Raumplanung über das Angebot des öffentlichen Verkehrs bis hin zu den technischen Vorschriften Massnahmen ergreifen. Unterbleibt dies, werden der Energieverbrauch und die CO_2-Emissionen des Verkehrs höchstwahrscheinlich weiter zunehmen.

Natürlich gibt es offene Fragen. So kann man nicht bis ins letzte Detail abschätzen, wie schnell der technische Fortschritt voranschreitet oder wie sich der Verkehr weiterentwickelt. Die Alterung der Bevölkerung oder neue Lifestyle-Tendenzen könnten beispielsweise dazu führen, dass die Verkehrsmittel weniger oft benutzt werden. Aus diesem Grund muss die Politik sich auch aktuellen Entwicklungen anpassen.

Durchhaltevermögen ist gefragt, wenn wir uns im Verkehr von den fossilen Energien befreien wollen. Manchmal wird es schwierig sein, Fortschritte zu erzielen. So werden die fossilen Energien bei Reisen in ferne Länder oder bei der Endverteilung von Gütern noch lange eine wichtige Rolle spielen. Umso mehr müssen wir in den übrigen Bereichen des Verkehrs Fortschritte erzielen. Denn hier sind bereits Lösungen vorhanden.

Die Reform des Verkehrs ist auch wirtschaftlich höchst interessant:

- Der Bevölkerung wird auch nach dem Peak Oil Mobilität ermöglicht. Handeln wir dagegen jetzt nicht, laufen wir Gefahr, dass die fossilen Treibstoffe plötzlich knapp und entsprechend teuer werden.
- Wir müssen weniger fossile Treibstoffe einführen. Diese Importe kosteten uns im Jahr 2008 rund sechs Milliarden Franken vor Steuern. Sie stellen ein Damoklesschwert dar, das über unserem Wohlstand hängt.
- Indem wir die öffentlichen Verkehrsmittel ausbauen, können wir unzählige Stunden einsparen, die wir am Steuer verbrin-

gen. Diese Zeit kann weitaus produktiver für Lektüre, Arbeit oder Erholung genutzt werden. Ein weiterer Vorteil bestünde darin, dass die Zahl der Verkehrsunfälle automatisch zurückgehen würde, wenn weniger Autos auf den Strassen unterwegs sind.

Die Schweiz verfügt über ideale wirtschaftliche Voraussetzungen, um einen solchen Wandel zu bewerkstelligen. Zum einen gibt es in unserem Land keine Automobilindustrie, die in Schwierigkeiten geraten könnte. Zum anderen verfügen wir über eine Eisenbahnindustrie und zahlreiche KMU, die Zulieferer im Automobil- und Energiesektor sind. Die Schweiz besitzt somit hervorragende Karten, um von einem Boom der nachhaltigen Mobilität zu profitieren. Sie verfügt weiter über grosse Erfahrung im Car-Sharing (Mobility) und beim Betrieb komplexer Transportsysteme. Dieses Know-how kann uns eine Führungsrolle sichern. Es wäre schade, wenn wir uns diese Chance entgehen lassen, so wie wir vor rund fünfzehn Jahren unsere Pionierrolle in der Fotovoltaik eingebüsst haben. Schliesslich würden durch die Anpassung der Infrastrukturen, insbesondere den Ausbau der Eisenbahn, Arbeitsplätze geschaffen.

Viele Leute nehmen Massnahmen für einen umweltgerechten Verkehr als Einschränkung ihrer persönlichen Freiheit wahr. In Tat und Wahrheit geben sie uns mehr Freiheit, indem sie uns unabhängiger von den fossilen Energien und dem vorherrschenden Mobilitätszwang machen. Darüber hinaus verbessern sie auch unsere Lebensqualität – alleine schon, indem der Lärm verringert oder Fussgängerzonen in den Stadtzentren eingerichtet werden.

Die Schweizer Bevölkerung ist sich der Probleme, die mit der Mobilität verbunden sind, recht gut bewusst. Dies ist eine Chance. Im Kleinen haben die Schweizerinnen und Schweizer sogar schon begonnen, eine intelligente Mobilität zu unterstützen. Nun muss daraus ein strukturiertes und zielgerichtetes Handeln werden. Der Verkehr ist ein grenzüberschreitendes Phänomen, und deshalb müssen wir uns auch die Mittel geben, auf dem internationalen Parkett aktiv werden zu können. Dies wäre mit ein Grund, der Europäischen Union beizutreten.

Das Wichtigste in Kürze

Die Massnahmen, welche ergriffen werden müssen, können wie folgt zusammengefasst werden:

- Es müssen Erziehungs- und Sensibilisierungskampagnen durchgeführt werden. Diese müssen die Bevölkerung auf ihr Mobilitätsverhalten und die Wahl der Transportmittel aufmerksam machen.
- Die Investitionen in die Strasse müssen auf den öffentlichen Verkehr umverteilt werden – insbesondere auf die Eisenbahn und den öffentlichen Verkehr in den städtischen Gebieten.
- Die fossilen Treibstoffe müssen nach und nach verteuert werden.
- Die Raumplanung muss sinnvolle Vorschriften erlassen und Anreize schaffen. Neubauten sollen in Gegenden entstehen, die bereits gut mit dem öffentlichen Verkehr erschlossen sind.
- Die CO_2-Emissionen des motorisierten Individualverkehrs müssen mit strengeren Normen rasch gesenkt werden.
- Die Elektrifizierung des motorisierten Individualverkehrs muss unterstützt werden. Insbesondere muss dazu Strom aus erneuerbaren Quellen zur Verfügung gestellt werden.

8   Projekt 2: Energieeffiziente Häuser

45 Prozent des schweizerischen Energieverbrauchs gehen zulasten unserer Gebäude.[121] Dazu gehören das Heizen, die Warmwasseraufbereitung und der Stromverbrauch der zahlreichen Geräte und Installationen in den Häusern. Letztere reichen über Klimaanlagen, Beleuchtungen und elektrische Haushaltgeräte bis hin zu Fernsehern und Computern. Doch auch beim Bau eines Hauses wird ziemlich viel Energie verbraucht, insbesondere für die Herstellung von Beton und Stahl. Der Anteil der Gebäude an den schweizerischen CO_2-Emissionen liegt zwischen 35 und 40 Prozent. Dieser Anteil ist geringer als der Anteil der Gebäude am Energieverbrauch, weil ein Teil der Energie in Form von Strom oder erneuerbaren Wärmequellen verbraucht wird, also mehr oder weniger ohne CO_2-Ausstoss.

Die Wohnhäuser und übrigen Gebäude sind also ein wichtiges Element der Klima- und Energiepolitik. Die Technik in diesem Bereich ist weit fortgeschritten. Aus diesem Grund müssen wir anstreben, die CO_2-Emissionen und den Energieverbrauch unserer Häuser deutlich stärker zu reduzieren als beim Verkehr. Es ist heute nämlich möglich, Häuser zu bauen, die keine fossile oder anderweitige Energiezufuhr von aussen benötigen. Diese Häuser produzieren sogar einen Überschuss an Strom aus Sonnenenergie, der ins Netz eingespeist werden kann. Die Gebäude in der Schweiz müssen auf längere Sicht vollständig mit erneuerbaren Energien auskommen können. In der Praxis bedeutet dies, dass wir einerseits auf fossile Energie verzichten und auf erneuerbare Energien umstellen, gleichzeitig aber auch sparsam mit dem Strom umgehen.

---

121 BFE, Energieeffizient Bauen und Sanieren, Informationsblatt, 23.9.2009.

37　Ein Zweifamilienhaus mit positiver Energiebilanz in Riehen BS gewann 2008 den Schweizer Solarpreis[122]

Dieses Haus speist jährlich einen Stromüberschuss von 8054 kWh ins Netz ein. Es produziert insgesamt 18 500 kWh Sonnenstrom und Solarwärme, verbraucht davon aber nur 7060 kWh und stellt so ein kleines Kraftwerk dar. Die Kosten für den Bau des Hauses lagen 12 Prozent über jenen für ein konventionelles Haus dieser Grösse.

Die folgende Grafik zeigt, wie viel Energie die meisten Häuser heute verbrauchen und was tatsächlich möglich wäre. Verglichen wird der derzeitige Energieverbrauch der Häuser im Kanton Zürich mit jenem einer Reihe von Minergie-Häusern. Minergie[123] ist ein allgemein anerkannter Standard für energieeffizientes Bauen. Getragen wird er von einem privaten Verein, der durch die öffentliche Hand und Unternehmen aus dem Bausektor unterstützt wird.

---

122 Quelle des Bildes: © Solar Agentur Schweiz; Foto: Setz Architektur / Claudia Meyer (Perspektive des Bildes verändert).

123 www.minergie.ch.

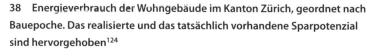

38   Energieverbrauch der Wohngebäude im Kanton Zürich, geordnet nach Bauepoche. Das realisierte und das tatsächlich vorhandene Sparpotenzial sind hervorgehoben[124]

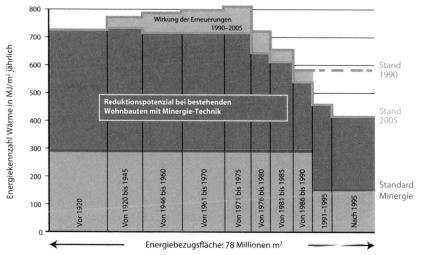

Diese Grafik zeigt verschiedenste Fakten auf, die nicht nur für den Kanton Zürich, sondern für die ganze Schweiz gelten:

- Viele unserer Häuser sind alt. Rund die Hälfte der Wohngebäude haben mehr als vierzig Jahre auf dem Buckel, und ein Drittel wurde vor dem Zweiten Weltkrieg gebaut. Im Gegensatz zu Autos oder elektrischen Haushaltgeräten sind Häuser ausserordentlich langlebig. Es lohnt sich deshalb, Gebäude für den Rest ihrer Lebensdauer zu renovieren. Wegen dieser Langlebigkeit müssen Neubauten nach den bestmöglichen Standards errichtet werden. Schlecht konzipiert, kosten sie uns noch in einem Jahrhundert viel Energie.
- Der Energieverbrauch der Neubauten wurde seit 1976 in einem beachtlichen Mass gesenkt. Auslöser war die erste Erdölkrise, die dazu führte, dass die Vorschriften beständig verschärft wurden.

---

124 Regierungsrat des Kantons Zürich, 2006, S. 18.

- Trotz dieser Fortschritte ist der Energieverbrauch der Gebäude, die nach 1991 errichtet wurden, immer noch mehr als doppelt so hoch wie der gewöhnliche Minergie-Standard. Dabei handelt es sich nicht einmal um die strengste Minergie-Norm, da sie Energiezufuhr von aussen zulässt.

- Der Energieverbrauch der vor 1990 gebauten Häuser sänke um mehr als die Hälfte, wenn sie nach Minergie-Standard renoviert würden (dunkelblaue Fläche). Dabei gelangt eine Norm für Renovierungen zur Anwendung, die weniger streng ist als jene für Neubauten.

- Die Renovierungen zwischen 1999 und 2005 brachten eine deutliche Verbesserung.

Die Herausforderungen sind also sehr unterschiedlicher Art: Auf der einen Seite sollten Neubauten so energieeffizient wie möglich konzipiert werden, bei Renovierungen muss dagegen zwangsläufig mit der vorhandenen Bausubstanz gearbeitet werden. An der Zielsetzung, im Gebäudebereich vollständig auf fossile Energien zu verzichten, darf dies jedoch nichts ändern. Dazu müssen jedoch noch eine Reihe von Hindernissen überwunden werden.

Am meisten Arbeit bleibt bei den Renovierungen. Dies hängt allein schon damit zusammen, dass wir es mit einer Zahl von 1,5 Millionen Wohngebäuden in der Schweiz zu tun haben. Zwei Drittel davon wurden vor 1980 errichtet und sind deshalb dringend renovierungsbedürftig. Investitionen in Gebäude erfolgen zudem langfristig, was zur Folge hat, dass Häuser nur selten renoviert werden. Die Mängel an Gebäuden haben über einen entsprechend grossen Zeitraum Bestand: Nicht selten verstreichen mehr als vierzig Jahre zwischen dem Bau und der ersten Renovierung eines Gebäudes. Die Zeitspanne zwischen den weiteren Renovierungen ist etwa gleich lang. Zudem können bei einer Renovierung nicht sämtliche Baufehler behoben werden. Alles Argumente, um sämtliche neuen Häuser nach den bestmöglichen Standards zu errichten.

Neue Häuser hochgradig energieeffizient bauen

Neubauten müssen verschiedene Anforderungen erfüllen, damit sie hochgradig energieeffizient sind. Denn ein solches Haus sollte ohne externe Energiezufuhr auskommen und wenn möglich einen Stromüberschuss ins Netz einspeisen. Gemäss den heutigen Kenntnissen müssen dazu vier Faktoren optimiert werden:

1. Das Haus muss hervorragend isoliert sein, sodass möglichst wenig Wärme verloren geht und keine Heizenergie von aussen zugeführt werden muss. Die Mauern, die Fenster, das Dach und die Böden müssen so wenig Wärme wie möglich ins Freie durchlassen. Ausserdem darf das Haus keine Luft von aussen hereinlassen, damit es nicht zu Durchzug kommt. Derart konzipierte Häuser sind im Sommer auch besser gegen Überhitzung geschützt. Sie benötigen deshalb keine Klimaanlage. Hingegen ist das Lüften etwas komplizierter als in konventionellen Häusern.

2. Das ideale Haus ist auch architektonisch optimiert. Kompakte Gebäudeformen verringern die Fläche, welche mit dem Freien in Kontakt kommt. Der Wärmeverlust wird dadurch verkleinert. Darüber hinaus sind Häuser mit mehreren Wohnungen tendenziell energieeffizienter. Das genutzte Volumen steht dann in einem besseren Verhältnis zur Aussenfläche.

3. Die vor Ort verfügbaren Energien werden auf bestmögliche Art genutzt. Die Fenster müssen so liegen, dass sie die Sonnenwärme einfangen können, was ihre schwache Isolation kompensiert. Für die Selbstversorgung mit Energie ist dies von zentraler Bedeutung. Im Sommer muss eine Überhitzung verhindert werden, was erreicht wird, indem Balkons, Storen und Lamellen optimal ausgerichtet werden. Letztere weisen die fast senkrecht einfallende Sonne im Sommer ab, lassen dagegen die waagerechten Strahlen im Winter herein.

In die Berechnungen wird auch die Körperwärme der Bewohnerinnen und Bewohner einbezogen. Bei einem derart gut isolierten Haus spielt dieser Faktor eine Rolle. Geheizt wird mit thermischen Sonnenkollektoren und einem Wärmespeicher, ebenso wird Warmwasser erzeugt. Wegen der Sonnenkollektoren ist es von grosser Bedeutung, in welche Himmelsrichtung das Haus und das Dach ausgerichtet sind.

Dachflächen ohne Sonnenkollektoren, die in der richtigen Richtung liegen, müssen genutzt werden, um mittels Fotovoltaik Strom herzustellen. Priorität hat indes die Wärmeerzeugung, weil dabei ein Grossteil der Sonnenstrahlen genutzt, mit den heutigen Mitteln hingegen bloss ein Fünftel der Solarenergie in Strom umgewandelt werden kann. Glücklicherweise genügt jedoch im Normalfall bloss ein Teil der Dachfläche für die Wärmeerzeugung, und die verbleibende Fläche kann mit fotovoltaischen Zellen bestückt werden.

In manchen Fällen genügt Solarenergie allein nicht, um die notwendige Wärme zu erzeugen. Dann müssen ergänzend Geothermie oder lokale Ressourcen wie Holz und Wärmerückgewinnung eingesetzt werden. Wärme kann auf sehr verschiedene Art zurückgewonnen werden: Die Luft, die aus der Lüftung austritt, kann dazu genutzt werden oder auch das Abwasser. Wärme kann aber auch aus der Nachbarschaft stammen (Landwirtschaft, Informatikserver, Industrie etc.). Weiter ist es möglich, mittels eines unterirdischen Kreislaufs den Lüftungsfluss zu erwärmen (sogenannter kanadischer Brunnen).

4. Die gesamte elektrische Apparatur muss optimiert werden: Beleuchtung, Lifte, elektrische Haushaltgeräte und technische Einrichtungen wie Lüftungen müssen dem neuesten Stand der Technik entsprechen. Die natürliche Belüftung und das Tageslicht müssen ebenfalls genutzt werden. Dieser Bereich zeigt emblematisch, wie gross die Fortschritte der letzten Jahre sind: Das Tageslicht kann heute mithilfe von Linsen in Glasfasern konzentriert werden, die sich in Schächten durch das Haus ziehen und es an den gewünschten Ort transportieren.

In der Praxis müssen diese vier Faktoren sorgsam gegeneinander abgewogen werden. Dabei muss unter anderem die graue Energie berücksichtigt werden, welche zur Herstellung der Fabrikationsmaterialien notwendig ist. Manchmal ist es beispielsweise vorteilhafter, ein Haus nicht maximal zu isolieren, denn die Herstellung von Isolationsmaterialien verbraucht einiges an Energie. Stattdessen kann man mehr Sonnenenergie nutzen, die ja kostenlos zur Verfügung steht. Darüber hinaus ist es auch sinnvoll, eine gewisse natürliche Durchlüftung aufrechtzuerhalten. So können die Kosten und der Energieverbrauch für ein Lüftungssystem eingespart werden.

In der Praxis hapert es mit der Umsetzung jedoch noch an vielen Ecken und Enden:

* Die Normen für den Energieverbrauch von Häusern sind noch nicht streng genug. Die Kantone sind erst jetzt dabei, Anforderungen an Gebäude zu verabschieden, die dem gewöhnlichen Minergie-Standard entsprechen.[125] Die Verzögerung erklärt sich durch unser föderalistisches System.

* Manche Neubauten verbrauchen übermässig viel Energie, weil korrekt geplante Projekte nicht sachgemäss ausgeführt werden. In gewissen Kantonen zeigten Untersuchungen, dass auf mehr als der Hälfte der Baustellen schlecht gearbeitet wird, und es gibt Unternehmen, die die Bauherrschaft übers Ohr hauen, indem sie beispielsweise eine dünnere Isolation verwenden als vorgesehen.[126]

* Raumplanerische Zwänge verhindern in manchen Fällen, dass Dächer optimal ausgerichtet oder Gebäude genügend isoliert werden können. Zudem wird die Planung eines Hauses verteuert, weil keine einheitlichen Baunormen existieren. Jede Gemeinde rechnet auf eine andere Art, wodurch die Möglichkeiten

---

125 Siehe www.minergie.ch und www.endk.ch.
126 Bezençon, G., Keller, L., Soutter, C., 2006.

zur Rationalisierung beschränkt sind. Die Konkurrenz spielt deshalb nur bedingt.

• Oftmals fehlt bei der Bauherrschaft der notwendige Wille. Dies, obwohl die Kosten für ein hochgradig energieeffizientes Haus nur etwa 10 Prozent höher liegen als bei konventionellen Gebäuden – Tendenz sinkend.

• Neue Standards und Erkenntnisse werden nicht schnell genug bekannt gemacht.

Alte Häuser sanieren

Eine Vielzahl wirtschaftlicher, technischer, juristischer und praktischer Gründe ist dafür ausschlaggebend, dass die energetische Sanierung der bestehenden Häuser so langsam voranschreitet. Noch heute kommt es vor, dass Hausbesitzer umfangreiche Renovierungsarbeiten vornehmen, ohne dass sie auf die Idee kämen, die Isolation zu verbessern. Die Hauptgründe dafür werden im Folgenden erklärt.

Zu kurzfristiges Denken – falsche Wahrnehmung des Energiepreises

Die energetische Sanierung von Gebäuden zahlt sich langfristig aus: Eine neue Isolation, neue Fenster und andere Bestandteile einer Renovierung haben eine Lebensdauer von dreissig bis vierzig Jahren. Auf diese Weise kann also über eine sehr lange Zeitdauer hinweg Energie eingespart werden. Zudem werden die Energiepreise mit ziemlicher Sicherheit steigen. Die Wahrscheinlichkeit ist deshalb gross, dass eine Sanierung weniger kostet als das zusätzliche Heizöl, das ohne Renovierung benötigt wird. Und doch investieren die Hausbesitzer nicht so viel in energetische Sanierungen, wie es die wirtschaftliche Vernunft gebieten würde.

Walter Ott und Martin Jakob[127] erklären diese Divergenz in einer spannenden Studie, welche die makroökonomische Vernunft mit dem mikroökonomischen Gesichtspunkt des Hausbesitzers vergleicht. Die Studie untersucht verschiedene Szenarien von einer einfachen Neugestaltung der Fassade bis hin zu einer Renovierung nach Minergie-P-Standard. Sie kommt zum Schluss, dass zwei Faktoren für die seltenen energetischen Sanierungen ausschlaggebend sind:

1. Der Hausbesitzer hat eine Rentabilität auf zwanzig bis dreissig Jahre im Blick. Aus menschlicher Sicht ist dies bereits langfristig gedacht – umso mehr, als die meisten Hausbesitzerinnen und -besitzer auch schon etwas älter sind. Der Hausbesitzer ist sich jedoch nicht wirklich bewusst, dass gewisse Elemente des Hauses wie die Isolation eine Lebensdauer von vierzig oder noch mehr Jahren haben.

2. Angesichts der ungewissen Energiepreise neigen Hausbesitzer dazu, davon auszugehen, dass diese stabil bleiben. Doch wie wir in Kapitel 1 gesehen haben, werden die Preise für fossile Energien mit an Sicherheit grenzender Wahrscheinlichkeit steigen.

Ott und Jakob zeigen auch auf, dass eine gründliche energetische Sanierung eines Hauses durchaus lohnend sein kann. Stellt man die tatsächliche Lebensdauer der Elemente einer Renovierung in Rechnung und geht man von einem Erdölpreis in der Höhe von 80 bis 90 US-Dollar pro Barrel aus, ist die Sanierung in den meisten Fällen rentabel. Hier setzt auch die CO_2-Abgabe auf Heizöl an: Obwohl sie relativ tief liegt (9 Rappen pro Liter seit 2010), sendet ihr Bestehen ein klares Signal aus. Zahlreiche Renovierungsprojekte wurden somit rentabel.

127 Ott, W., Jakob, M., 2008.

Das Dilemma Mieter–Hausbesitzer

Zwei Drittel der Schweizer Haushalte befinden sich in Mietwohnungen. Im Allgemeinen zahlt der Mieter die Rechnung fürs Heizen, für das Warmwasser und den Strom. Er würde also von einer Senkung des Energieverbrauchs profitieren. Gleichzeitig kann er selber nicht in die Renovierung seiner Wohnung investieren. Für den Hausbesitzer wiederum ist eine solche Sanierung nicht sehr attraktiv, da er selber von der Senkung der Energiekosten nicht profitiert. Der Vermieter saniert ein Haus also zu grossen Teilen à fonds perdu.

Eine erste Massnahme wurde bereits umgesetzt, um dieses Dilemma zu überwinden. Mit Unterstützung des Hauseigentümerverbands, der Mieterverbände und des Parlaments revidierte der Bundesrat die Verordnung über die Miete und Pacht von Wohn- und Geschäftsräumen.[128] Künftig können die Hausbesitzer die Kosten im Zusammenhang mit energetischen Sanierungen besser auf die Miete überwälzen. Das Mietrecht und das Mietwesen sind jedoch äusserst komplex. Es bleibt deshalb abzuwarten, wie sehr die energetischen Sanierungen deshalb tatsächlich zunehmen werden.

Dieser Zwiespalt sollte indes auch nicht überbewertet werden:

- Einfamilienhäuser, die ja in der Regel von ihren Besitzern bewohnt werden, sind aus strukturellen Gründen ineffizient. Denn im Verhältnis zur Aussenfläche bieten sie wenig Wohnraum. Die beheizte Fläche pro Bewohner ist zudem grösser. Ein- oder Zweifamilienhäuser machen mehr als die Hälfte der Wohngebäude in der Schweiz aus.[129] Ein Grossteil des fossilen Energieverbrauchs bei den Gebäuden – vermutlich mehr als die Hälfte – entfällt also nicht auf Mietwohnungen.

- Mieter können ihren Teil dazu beitragen, dass ihre Wohnungen

---

128 www.admin.ch/ch/d/sr/221_213_11/a14.html.

129 Quelle der Berechnung: BFS T 9.2.1.1. Die Ein- und Zweifamilienhäuser umfassen dagegen bloss ein gutes Drittel aller Haushalte in der Schweiz.

nicht überheizt sind und Energie verschwendet wird. In allen Wohnungen, in denen eine individuelle Regulierung vorhanden ist, kann der Mieter selber die Wärme in seiner Wohnung festlegen. Dieser Faktor fällt durchaus ins Gewicht: Mit einem Grad mehr Raumtemperatur steigt der Energieverbrauch um rund 7 Prozent. Im Winter wiederum kann Energie gespart werden, indem zweimal täglich kräftig gelüftet wird, statt die Fenster den ganzen Tag lang halb offen zu lassen. Individuelle Heizkostenabrechnungen, die die effektiven Kosten berücksichtigen, setzen genau hier an. Sie sollen die Mieter dazu bringen, ihren Teil zur Senkung des Energieverbrauchs beizutragen.

Das Problem der Finanzierung

Die Finanzierung energetischer Gebäudesanierungen bleibt schwierig, auch wenn die Hypothekarzinsen konstant tief sind und zahlreiche Leute nach Anlagemöglichkeiten suchen. Hausbesitzer, die sich nahe am Pensionsalter befinden oder bereits pensioniert sind, haben jedoch Mühe, einen Kredit zu bekommen.

Ein grosses Hindernis für Sanierungen stellt das weitverbreitete Stockwerkeigentum dar. Die sogenannten Erneuerungsfonds, die von Stockwerkeigentümern geäufnet werden, verfügen nicht über genügend Geld für energetische Sanierungen. Dies ist auch nicht weiter überraschend, besteht der Sinn dieser Fonds doch darin, ein Haus in gutem Zustand zu erhalten, und nicht darin, es zu verbessern. Damit ein solches Haus energetisch saniert werden kann, müssen also in den meisten Fällen sämtliche Stockwerkeigentümer einen zusätzlichen finanziellen Beitrag leisten. Manche Stockwerkeigentümer können oder wollen dies indes nicht. Hinzu kommt, dass die Banken ungern Geld direkt an Stockwerkeigentümer leihen, weil es in diesem Fall äusserst schwierig ist, etwas zu verpfänden. Bleiben die Zahlungen aus, kann die Bank – anders als bei Hypothekarkrediten für Einzelpersonen – auf nichts zurückgreifen. In gewissen Fällen können da komplizierte Lösungen wie ein Energie-Contracting oder ein Leasing-Vertrag Abhilfe schaffen. Da das Stockwerkeigentum in den letzten zwanzig bis dreissig Jahren boomte, werden sich diese Probleme wohl noch verschärfen.

Die technischen Herausforderungen

Jedes Gebäude, das saniert werden soll, ist anders. Jede Renovierung muss deshalb sorgfältig geplant werden. Das Verbesserungspotenzial bei der Isolation und bei der Verwendung erneuerbarer Energien wie auch die Kosten der Sanierung hängen zu einem grossen Teil von der Architektur, der Ausrichtung des Gebäudes und den benutzten Materialien ab. Während der Bau neuer Häuser weitgehend standardisiert ist, sind Sanierungen Kunsthandwerk auf höchstem Niveau. Die ästhetischen Ansprüche der Bewohner sowie denkmalschützerische und raumplanerische Vorgaben erschweren die Aufgabe zusätzlich. Hinzu kommt, dass die Bewohner während der Renovierungsarbeiten ihre Wohnung meist nicht verlassen wollen. Aus all diesen Gründen verlangt eine energetische Sanierung sehr viel Know-how.

Die ganze Baubranche, die Zulieferer der Handwerker, die Architekten und die Ingenieure sehen sich bei Sanierungen mit enormen Herausforderungen konfrontiert. Die Bildungslücken, die geschlossen werden müssen, sind gross, und der Wissensstand über Sanierungen wächst ständig. Darüber hinaus spielt die Erfahrung eine grosse Rolle. Diese können sich die Beteiligten jedoch nur durch mit der Zeit aneignen.

Zusammengefasst beinhaltet die vollständige energetische Sanierung eines Gebäudes folgende Elemente:
- Isolation der Aussenhülle (Mauern, Fenster, Dach und Böden), um den Wärmeverlust durch Abstrahlung und Durchzug zu vermindern.
- Sanierung der Heizung: Elektrische Heizungen müssen unbedingt ausgewechselt werden, da sie unsinnigerweise hochwertige Energie verschwenden. Auf fossile Energie wie Erdgas oder

Heizöl kann man ganz oder teilweise verzichten, indem man so weit als möglich auf erneuerbare Energien umsteigt.

- Modernisierung der technischen Einrichtungen (Ventilation, Motoren, Klimatisierung, Beleuchtung, Küche etc.)
- Energetisch (und auch wirtschaftlich) macht es Sinn, die bestehenden Wohnräume besser auszunutzen. Beispielsweise könnte im Dachboden eines Hauses eine zusätzliche Wohnung eingerichtet werden. Der Energieverbrauch würde dadurch kaum steigen.

39   Ein bemerkenswertes Beispiel für eine Gebäudesanierung der Staufen AG – ausgezeichnet mit dem Solarpreis 2008[130]

Die CO$_2$-Emissionen dieses Mehrfamilienhauses mit sechs Wohnungen konnten durch eine Renovierung um 80 Prozent reduziert werden. Die Fremdenergiezufuhr sank dank Fotovoltaik um 87 Prozent. Die Kosten für die energetische Sanierung beliefen sich auf 100 000 Franken pro Wohnung.

Solche baulichen Veränderungen stellen vor allem dann eine grosse Herausforderung dar, wenn es darum geht, die Besonderheiten eines Gebäudes zu berücksichtigen.

In gewissen Fällen ist es gar sinnvoller, ein Haus niederzureissen und nach modernsten Standards neu zu bauen. Zwar ist ein Neubau mit einem grossen Verbrauch an grauer Energie verbunden (insbe-

---

130 © Solar Agentur Schweiz (Perspektive des Bildes verändert).

sondere für die Herstellung von Beton und Stahl), gleichzeitig kann der Energieverbrauch jedoch deutlich gesenkt werden, indem das neue Haus von Grund auf besser konzipiert wird. Besonders interessant wird ein Neubau, wenn er mehr und qualitativ hochstehendere Wohnungen aufweist als das ursprüngliche Gebäude. Eine solche Strategie bietet sich vor allem in urbanen Gegenden an. Auf diese Weise kann das Wohnen an jenen Orten verdichtet werden, wo gute Verbindungen mit dem öffentlichen Verkehr existieren. Lange Pendlerfahrten im Auto können so vermieden werden. Der Kanton Zürich zahlt jenen Hausbesitzern, die ihr Haus abreissen und neu bauen, sogar eine Prämie. Er will so verhindern, dass sie gegenüber jenen Hausbesitzern benachteiligt werden, die eine energetische Sanierung vornehmen und dafür Subventionen erhalten.[131]

Welche Energie für renovierte Häuser?

Die Isolation ist von zentraler Bedeutung, wenn die Wärme nur noch mit erneuerbaren Energien erzeugt werden soll. Sie erlaubt es, die Energiezufuhr von aussen zu reduzieren. Bei alten Häusern reicht eine Wärmedämmung jedoch oft nicht ganz aus, um auf die Zufuhr von Fremdenergie verzichten zu können. Zudem kann eine hochwirksame Isolation die Renovierungskosten übermässig in die Höhe treiben. Technische oder ästhetische Gründe setzen in gewissen Fällen ebenfalls Grenzen.

Bei sanierten Gebäuden, die eine Energiezufuhr von aussen benötigen, bieten sich neben Sonnenkollektoren noch andere erneuerbare Energiequellen an:
- Einheimisches Holz[132] kann in gewissen Fällen zum Heizen eingesetzt werden. In diesem Bereich besteht ein grosses Potenzial, das aber nicht unbegrenzt ist. Die Probleme mit Feinstaubpartikeln bei der Verbrennung konnten mehr oder weniger gelöst

---

131 Kanton Zürich, 2010.
132 Insbesondere in Form von sogenannten Pellets (Holzstückchen oder -granulat).

werden. Hingegen ist für die Lagerung des Holzes mehr Platz notwendig als für Heizöl, es sei denn, das Holz wird in drei jährlichen Lieferungen zugestellt. Ideal sind Holzheizungen in waldnahen Gebieten.

- Oberflächennahe Geothermie: Eine Wärmepumpe, deren Erdsonde rund 60 Meter tief in den Boden reicht, fängt unterirdische Wärme ein und konzentriert sie. Solche Anlagen sind problemlos einzurichten. Allerdings ist mindestens 1 kWh Strom notwendig, um 4 kWh Nutzwärme zu produzieren (vgl. folgenden Kasten).

- Saisonale Wärmespeicherung: Im Sommer heizen Sonnenkollektoren Wasserreservoirs oder andere Materialien auf, die viel Wärme speichern können. Im Winter wird diese Wärme wieder ans Gebäude abgegeben. Ein solches System wird für das Gebäude des Bundesamtes für Statistik in Neuenburg benutzt. Im August erreicht die Temperatur des gespeicherten Wassers 95 Grad. Im Januar, wenn sämtliche gespeicherte Wärme abgegeben wurde, liegt sie bei nur noch 35 Grad.[133] An sich funktioniert diese Technologie sehr einfach. Bevor sie jedoch breitere Anwendung finden kann, müssen ihre Kosten sinken. Ein Durchbruch in diesem Bereich würde einen riesigen Fortschritt bedeuten, denn die sommerliche Wärme könnte problemlos in grossen Mengen gespeichert werden. Die Forschung steht hier also vor einer höchst bedeutsamen Herausforderung.

- Tiefe Geothermie: Eine Bohrung bis in mehrere Hundert Meter Tiefe macht es möglich, Wärme von 40 bis 60 Grad an die Oberfläche zu befördern. Die Investitionskosten für solche Anlagen sind relativ hoch. Tiefe Geothermie ist deshalb nur rentabel, wenn mehrere Gebäude mit Wärme versorgt werden. Dazu muss ein lokales Verteilnetz aufgebaut und finanziert

133 www.sorane.ch/ref_OFS.htm.

werden. Gegenüber der oberflächennahen besitzt die tiefe Geothermie einen entscheidenden Vorteil: Die zutage geförderte Wärme ist deutlich höher und muss nicht mithilfe einer Wärmepumpe konzentriert werden. Es werden deshalb auch nicht grosse Mengen an Strom verbraucht. Benötigt wird einzig eine Pumpe, die das Wasser zirkulieren lässt, was nur wenig Energie verbraucht.

- Wärmerückgewinnung: Die Wärme, die in der Industrie, der Landwirtschaft oder bei Informatik-Servern frei wird, kann genutzt werden, um Gebäude zu beheizen. Solche Lösungen sind jedoch nur punktuell möglich. Voraussetzung ist, dass sich eine zuverlässige Wärmequelle in der Nachbarschaft des zu beheizenden Hauses befindet.

- Fernwärme: Hier stammt die Wärme, die zum Heizen benutzt wird, von Verbrennungsanlagen für Müll oder Sondermüll.

Die drei letztgenannten Energiequellen können ohne Unterstützung der öffentlichen Hand kaum erschlossen werden. Sie verlangen einerseits eine besondere Koordination und viel Durchhaltevermögen, da es fast unmöglich ist, sämtliche Hausbesitzer eines Quartiers dazu zu bringen, gleichzeitig ihre Häuser und Heizungen zu sanieren. Andererseits handelt es sich um teure Anlagen, die nur von grossen privaten Investoren oder von Dienststellen der öffentlichen Hand realisiert und geführt werden können. Dies umso mehr, als sich Heizungssysteme über einen langen Zeitraum von rund fünfzig Jahren amortisieren.

Die Wärmepumpe: ein Wundermittel?

Mittels einer Wärmepumpe kann Wärme konzentriert werden, die aus der Umgebung, idealerweise aus dem Boden, entzogen wurde. Sie funktioniert im Prinzip genau umgekehrt wie ein Kühlschrank. Ein Kühlschrank gibt die Wärme, die ihm im Inneren entzogen wird, über den Wärmeaustauscher an seiner Rückseite ab. Eine Wärmepumpe dagegen nutzt sie in ihrem Inneren zum Heizen.

Eine gut konzipierte Wärmepumpe produziert mit einer Einheit Elektrizität vier Einheiten Wärme. Wer also eine elektrische Heizung[134] durch eine Wärmepumpe ersetzt, spart drei Viertel an Strom. Wer eine Ölheizung durch eine Wärmepumpe ersetzt, spart vier Einheiten an Heizöl ein. Hingegen steigt der Stromkonsum, weil eine Einheit an Elektrizität verbraucht wird.

Wärmepumpen haben jedoch auch ihre Nachteile. Sie benötigen den Strom im Winter gerade während der Spitzenverbrauchszeiten. Somit beanspruchen sie das Stromnetz und die Kraftwerke überaus stark. Viele Wärmepumpen sind zudem schlecht konzipiert, weil sie die Wärme der Aussenluft verwerten. Aus der eiskalten Luft kann jedoch weniger Wärme als aus dem Boden gewonnen werden. Wird es ausserordentlich kalt, verbrauchen solche Wärmpumpen fast gleich viel Strom wie konventionelle elektrische Heizungen. Denn bei minus 10 Grad wird es schwierig, viel Wärme aus der Aussenluft zu gewinnen. Die Wärmepumpen in der Schweiz produzieren im Durchschnitt bloss 2,1 Einheiten Wärme pro Einheit Strom.[135] Ihre grosse Verbreitung ist deshalb nicht unproblematisch. Insbesondere in Neubauten kann häufig auf eine Wärmepumpe verzichtet werden, ohne dass man gleich auf fossile Heizstoffe zurückgreifen müsste.

Es kann jedoch der Fall eintreten, dass bei einer energetischen Renovierung keines der vorher genannten ökologischen Heizsysteme eingesetzt werden kann. Der Besitzer muss dann auf fossile Energien zurückgreifen. Optimieren kann er seine Heizung in diesem

---

134 Eine elektrische Heizung wandelt den Strom vollständig in Wärme um. Dies geschieht, indem der Strom durch einen Widerstand geleitet wird, der sich dabei erwärmt.

135 Quelle der Berechnung: Fitze, U., 2009, S. 37.

Fall durch eine Wärme-Kraft-Kopplung (WKK).[136] Eine WKK, auch als Blockheizkraftwerk bezeichnet, produziert mithilfe eines fossilen Treibstoffs oder mit Biogas gleichzeitig Strom und Wärme. Der Treibstoff wird so besser genutzt, weil ein Teil seiner Energie in hochwertige Elektrizität umgewandelt wird. Im Winter arbeitet eine WKK während der Heizstunden. Der Strom, der dann produziert wird, geht zurück ins Netz. Er wird andernorts verwendet, um die Verbrauchsspitzen abzudecken, die durch Wärmepumpen entstehen. Die Kombination von WKK und Wärmepumpen verdoppelt die Effizienz bei der Nutzung fossiler Energien. Solange wir also darauf angewiesen sind, mit fossilen Energien zu heizen, stellen sie eine wichtige Zwischenlösung dar. Beim Heizen mit WKK, aber auch mit konventionellen Heizungen ist zudem zu beachten, dass Erdgas weniger CO_2 ausstösst als Heizöl und auch sauberer in der Verbrennung ist.

Die politischen Anstrengungen

In den letzten Jahrzehnten förderten der Bund und die Kantone Innovationen, Experimente und Pilotprojekte im Häuserbau. In qualitativer Hinsicht wurden deshalb enorme Fortschritte erzielt. Dass man heute ausserordentlich energieeffiziente Häuser bauen kann, ist zu einem grossen Teil die Frucht dieser Politik. Es gibt Tausende von bemerkenswerten Renovierungen und Neubauten. Einige von ihnen haben Symbolcharakter wie etwa der Hauptsitz der Eidgenössischen Anstalt für Wasserversorgung, Abwasserreinigung und Gewässerschutz in Dübendorf[137] oder im Ausland der Berliner Reichstag.

Die Kantone erliessen bisher aber lediglich Minimalvorschriften

---

136 Mehr über Wärme-Kraft-Kopplungen im Internet unter www.bfe.admin.ch/themen/00490/00506/index.html?lang=de und www.erdgas.ch/de/anwendungen/stromproduktion/waermekraft-kopplung.html.

137 www.forumchriesbach.eawag.ch/.

für die Isolation und Energieeffizienz von Gebäuden. Technisch möglich wäre weitaus mehr. Deshalb bleibt die bedauerliche Feststellung, dass bei den Neubauten der letzten Jahre bloss das grösste Unheil verhindert wurde. Die Grafik zu den Neubauten im Kanton Zürich illustriert dies eindrücklich (vgl. Abbildung 38, Seite 149).

In den Jahren 2007 bis 2009 vollzog sich indes eine entscheidende Wende. Mehrere wichtige Massnahmen wurden in dieser Zeit in Kraft gesetzt:

- Das eidgenössische Parlament verabschiedete eine CO_2-Abgabe auf Heizöl. Sie stieg auf den 1. Januar 2010 hin auf 9 Rappen pro Liter Heizöl an. Dies hatte zur Folge, dass durch die Verteuerung des Heizöls zahlreiche Sanierungsprojekte plötzlich rentabel wurden.

- Das nationale Gebäudeprogramm 2010–2020 wurde verabschiedet. Finanziert wird es aus einem Drittel der Einnahmen der CO_2-Abgabe auf Heizöl. Mit diesem Geld werden Hausbesitzer unterstützt, die ihre Immobilien energetisch sanieren wollen.

- Die Konferenz der Kantonalen Energiedirektoren verabschiedete strengere Mustervorschriften für Neubauten und Sanierungen. Sie entsprechen nun in etwa der gewöhnlichen Minergie-Norm für Privatgebäude.[138]

- Die Kantone führten den Gebäudeenergieausweis der Kantone ein.[139] Dieser basiert auf einem nationalen Standard und ist fakultativ. Der Gebäudeenergieausweis soll über den Wert eines Hauses und die notwendigen Sanierungen Auskunft geben.

Dem nationalen Gebäudeprogramm, das von den Kantonen mitfinanziert wird, stehen jedes Jahr 280 bis 300 Millionen Franken zur Verfügung. Es wird in den nächsten zehn Jahren Arbeiten im Wert von rund 10 Milliarden auslösen; rund 100 000 Häuser werden so saniert. Gemäss Bund und Kantonen soll der jährliche CO_2-Ausstoss

---

138 www.endk.ch.
139 www.geak.ch.

innert zehn Jahren um 2,2 Millionen Tonnen gesenkt werden.[140] Über die Reduktionen aus normalen Sanierungen hinaus werden die Emissionen von Gebäuden um zusätzlich 15 Prozent gesenkt. Berücksichtigt man, dass die Sanierungen im Rahmen dieses Programms eine Lebensdauer von vierzig Jahren haben, werden die CO_2-Emissionen in diesem Zeitraum um 90 Millionen Tonnen gesenkt.

Das Gebäudeprogramm soll den Hausbesitzern Anreize zu Sanierungen bieten und mithelfen, mögliche Hindernisse bei Renovierungen zu überwinden. Dies geschieht insbesondere durch Finanzhilfen, welche die Sanierungskosten zu senken helfen. Auf diese Weise werden Investitionen ausgelöst – insbesondere bei den Mietwohnungen, wo sich wie erörtert besondere Probleme stellen.

Das Problem der Steuerabzüge

In der Energiepolitik werden Steuerabzüge für Gebäuderenovierungen immer wieder als Alternative zu Sanierungsprogrammen angepriesen. Vor Kurzem aber wurde die sogenannte Dumont-Praxis, die auf ein Bundesgerichtsurteil aus dem Jahr 1973 zurückgeht, vom Parlament abgeschafft. Gemäss dieser Rechtsprechung konnten Personen, die vernachlässigte Liegenschaften erwarben, Renovierungsarbeiten während der ersten fünf Jahre nach dem Kauf nicht von den Steuern abziehen. Dies führte dazu, dass sich der Unterhalt alter Häuser verzögerte und energetische Sanierungen auf die lange Bank geschoben wurden.

Ein weiterer steuerlicher Aspekt soll überprüft werden: Die ganzen Renovationskosten müssen im jenem Jahr steuerlich abgezogen werden, in dem sie angefallen sind. Deshalb staffeln manche Hausbesitzer die Renovierungsarbeiten über einen längeren Zeitraum hinweg. Es ist jedoch sinnvoller, ein Haus auf der Basis eines kohärenten Gesamtprojekts in einem Mal zu renovieren. Stattdessen werden

---

140 Quelle: BFE, 05.03.2010.

Sanierungen viel zu oft konzeptlos und in kleinen Etappen vorgenommen.

Zusätzliche Steuerabzüge wiederum würden kaum Verbesserungen bringen:

- Natürliche Personen können den Unterhalt und umwelttechnische Verbesserungen eines Gebäudes schon heute in fast allen Kantonen von den Steuern abziehen. Verbesserungen sind hier nur in einzelnen Bereichen möglich, etwa wenn die kantonalen Verwaltungen zu restriktiv sind. Will man Gebäudesanierungen wirklich mittels Steuerabzügen wirksam fördern, müsste man anders vorgehen. Dann dürften jene Sanierungen, die nicht den neuesten Standards genügen, nicht mehr steuerabzugsberechtigt sein. Dies würde Anreize bieten, Häuser nur nach den neuesten Erkenntnissen zu renovieren. Derzeit sind Arbeiten im Gang, um hier Verbesserungen zu erzielen. Zu diesem Zweck soll präziser festgelegt werden, welche Sanierungen abzugsberechtigt sind.[141] Derzeit zeichnet sich hier ein Paradigmenwechsel ab: Der Eigenmietwert würde abgeschafft; Unterhaltsarbeiten und Schuldzinsen wären nicht mehr steuerabzugsberechtigt. Einzig qualitativ hochstehende energetische Sanierungen dürften noch beim Fiskus angerechnet werden. Zwar stellen sich dabei gewisse Fragen punkto Steuergleichheit. Hingegen würde so jenen Hausbesitzern ein Riegel vorgeschoben, die sich übermässig verschulden, um ihre Steuern zu optimieren.
- Steuerabzüge helfen kaum, die Schwierigkeiten bei der Finanzierung von Sanierungen zu lösen. Wer über weniger Mittel verfügt, zahlt auch weniger Steuern und profitiert deshalb kaum von neuen Steuerabzügen. Gerade diese Personen aber benötigen bei Haussanierungen Unterstützung.
- Bei Gebäuden, die juristischen Personen gehören, bewirken Steuer-

---

141 Eidgenössisches Finanzdepartement, 4. 2. 2010.

abzüge nichts. Ein Teil der juristischen Personen wie Pensionskassen werden gar nicht besteuert. Unternehmen wiederum können die Kosten für Unterhaltsarbeiten schon heute abziehen, sei es als laufenden Aufwand oder sukzessive in Form von Abschreibungen.

Steuerliche Instrumente kommen also den Staat teuer zu stehen und bewirken nur wenig.

Sämtliche Gebäude sanieren

Die staatlichen Bemühungen und die Entscheidungen der Investoren führten in den letzten dreissig Jahren zu beachtlichen Fortschritten (vgl. Abbildung 38, Seite 149). Neubauten entsprechen den anspruchsvollsten Standards, und der technische Fortschritt wird es erlauben, immer öfter auf nicht erneuerbare Energien zu verzichten. Die jüngsten Entscheidungen (CO_2-Abgabe, nationales Gebäudeprogramm und neue kantonale Mustervorschriften) führen uns in eine neue Ära.

Doch wir schreiten zu langsam voran. Werden im Rahmen des nationalen Gebäudeprogramms jedes Jahr 10 000 Häuser dem neuesten Standard angepasst, dauert es eine Ewigkeit, bis sämtliche Gebäude in der Schweiz saniert sind. Es ist deshalb von grösster Bedeutung, diesen Prozess zu beschleunigen. Rund eine Million Häuser wurden vor 1980 gebaut oder zuletzt saniert.[142] Mindestens die Hälfte davon sollte innert der nächsten zwanzig Jahre saniert werden. Ansonsten können die CO_2-Emissionen nicht auf jenes Mass gesenkt werden, von dem der Bundesrat selber sagt, es sei notwendig, um die globale Erwärmung auf 2 Grad zu beschränken.

Jedes Jahr werden 30 000 bis 40 000 Gebäudesanierungen vor-

---

142 BFS: T 9.4.3.1.1.

genommen.[143] Diese Renovierungen dürfen sich künftig nicht mehr
auf blosse kosmetische Korrekturen beschränken. Sie müssen auch
substanzielle energetische Sanierungen umfassen. Nun werden dank
des nationalen Gebäudeprogramms jährlich rund 10 000 Renovierungen auf qualitativ anständige Standards gehoben. Dies entspricht aber lediglich einem Viertel der Renovierungen. Der Energieverbrauch der betreffenden Gebäude wird um 50 bis 80 Prozent
gesenkt. Die übrigen drei Viertel der Renovierungen bleiben dagegen Durchschnitt. Werden alte Fenster und Heizungen ersetzt, sinkt
der Energieverbrauch lediglich um 10 bis 20 Prozent. Malerarbeiten
und eine neue Fassade bringen punkto Energieverbrauch nichts, solange die Isolation nicht verstärkt wird. Besonders absurd ist es,
wenn der Bauherr die Kosten für ein Gerüst in Kauf nimmt, um
Malerarbeiten durchführen zu lassen, und die Gelegenheit nicht
nutzt, auch die Wärmedämmung zu verbessern.

Das nationale Gebäudeprogramm müsste folglich um das Vierfache ausgebaut werden, wenn man die Sanierungen genügend
schnell vorantreiben will. Statt heute 300 Millionen Franken (inklusive Kantonsbeiträge) müssten jährlich mindestens 1,2 Milliarden Franken aufgewendet werden. Am sinnvollsten wäre es, zu diesem Zweck die CO_2-Abgabe auf Heizöl zu verdoppeln und den
gesamten Ertrag für Gebäudesanierungen zu verwenden. So würden
zwei Fliegen mit einer Klappe geschlagen: Fossile Energiequellen
würden verteuert, und die notwendigen Sanierungen könnten finanziert werden. Und natürlich müsste das nationale Gebäudeprogramm, das im Jahr 2020 ausläuft, über dieses Datum hinaus verlängert werden. So könnten die Gebäude aus der Zeit zwischen
1980 und 1990 saniert werden.

Es macht hingegen wenig Sinn, strenge Normen für Renovierungen in Kraft zu setzen, ohne gleichzeitig Gelder für Sanierungen

---

143 Jährlich wird rund 1 Prozent der 3,5 Millionen Gebäude in der Schweiz renoviert
(Quelle: idem, Fussnote 125).

zur Verfügung zu stellen. Dies könnte Hausbesitzer von Sanierungen abhalten. Entsprechend würden die Häuser überaltern, worunter nicht nur die Umwelt, sondern auch der Wohnkomfort leiden würde. Energetische Sanierungen ohne finanzielle Anreize gar gesetzlich vorzuschreiben, ist politisch chancenlos. Dies zeigte sich 2009, als das Neuenburger Stimmvolk das kantonale Energiegesetz in einer Referendumsabstimmung ablehnte. Die vage Verpflichtung zur Sanierung machte den Hausbesitzern Angst, und im Abstimmungskampf gelang es ihnen, die Mieter ins Boot zu holen. Bietet der Staat aber mit grosszügigen Subventionen Unterstützung, kann er auch hohe Anforderungen an die Qualität der Renovierungen stellen.

Der Staat sollte jedoch nicht nur auf wirtschaftliche Anreize wie eine CO_2-Abgabe oder das nationale Gebäudeprogramm setzen. Auch die Forschung, die Ausbildung und die Information müssen stetig gefördert werden:

- Die derzeitige Forschungspolitik und die Förderung neuer Technologien müssen verbessert werden. Grosse Anstrengungen sind notwendig, um die Kosten zu senken und die Technik voranzubringen. Insbesondere wäre es wichtig, weniger dicke Isolationsschichten zu entwickeln und die sommerliche Wärmespeicherung zu verbessern.
- Sehr wichtig ist es auch, die Ausbildung in sämtlichen Berufen der Baubranche zu verstärken. Nur so wird es überhaupt möglich, dass in Zukunft die Zahl der Sanierungen deutlich gesteigert werden kann. Die betroffenen Branchen müssen nicht nur das notwendige Know-how erwerben. Sie müssen sich auch über die technischen Fortschritte auf dem Laufenden halten. Das führt dazu, dass bessere Sanierungen durchgeführt, einheitliche Standards entwickelt und die Kosten gesenkt werden.
- Die Entscheide, die ein Hausbesitzer bei einer Sanierung treffen muss, sind komplex. Es ist deshalb notwendig, die Information und Beratung zu verbessern. Und wichtig bleiben auch die Informationskampagnen für die breite Bevölkerung, da die Be-

wohner der Häuser mit ihrem Verhalten dazu beitragen können, Energie einzusparen.

Wie schnell und wie gut die Gebäude in der Schweiz saniert werden, hängt indes nicht allein von den politischen Entscheiden ab. Die Entwicklung der Energiepreise und der gute Wille der Akteure spielen ebenfalls eine wichtige Rolle. Weil die Baubranche aber relativ träge ist, müssen die politischen Instanzen den Druck aufrechterhalten.

Die Mühe lohnt sich nicht nur im Hinblick auf den Umweltschutz. Auch unser Wohlstand und unser Wohnkomfort stehen dabei auf dem Spiel. Jeder Mensch hat ein fundamentales Recht auf Wohnen. Es ist deshalb von grösster Wichtigkeit, dass genügend qualitativ akzeptable Wohnungen zu einem vernünftigen Preis zur Verfügung stehen. Zum anderen belaufen sich die Ausgaben für die Miete und den Energieverbrauch der Gebäude schon heute auf 16 Prozent der Haushalteinkommen.[144] Jene Menschen, die in nicht sanierten Häusern leben, könnten einen Anstieg der Energiepreise sehr schmerzhaft zu spüren bekommen. Für die Zukunft der Schweiz ist es deshalb von grösster Wichtigkeit, die Gebäude nachhaltig zu sanieren. Ein solches Projekt ist auch wirtschaftlich sehr interessant, da ein enormer Arbeitsaufwand entsteht, der nicht ins Ausland verlagert werden kann.

Das Wichtigste in Kürze

Folgende Massnahmen müssen ab sofort im Bereich der Gebäude ergriffen werden:
- Der Energieverbrauch und die CO_2-Emissionen der Schweizer Häuser müssen deutlich reduziert werden. Das Potenzial in diesem Bereich ist riesig. Gut die Hälfte der Energie, die in unserem

---

144 BFS, T 20.02.01.01 (s. auch Abbildung 10, S. 37).

Land verbraucht wird, entfällt auf Gebäude. Und dies, obwohl heutzutage der Bau von Häusern möglich ist, die mehr Energie produzieren, als sie selber verbrauchen.

- Die wirtschaftlichen Anreize wie die CO_2-Abgabe auf Heizöl und das nationale Gebäudeprogramm müssen zwingend verstärkt werden, will man nach und nach sämtliche Häuser in der Schweiz sanieren.
- Weiter müssen die Forschung und die Innovation intensiviert werden. Beispielsweise ist es notwendig, entscheidende Fortschritte bei der sommerlichen Speicherung von Wärme zu erzielen. Erzielte Fortschritte müssen rasch in die Normen für Neubauten und Sanierungen übernommen werden. Unabdingbar ist es weiter, die Ausbildung und Information zu verbessern.
- Würden die Normen und das Raumplanungsrecht auf nationaler Ebene harmonisiert, könnten Kosten eingespart werden. Mehr baupolizeiliche Flexibilität bezüglich Eingriffen an Gebäuden würden die energetische Sanierung von Gebäuden erleichtern.

9 Projekt 3: Nur noch Strom aus erneuerbaren Energien

Rund 40 Prozent des Stroms, den wir in der Schweiz verbrauchen, stammen aus Kernkraft. Wie wir in Kapitel 3 gesehen haben, müssen wir uns dieser schweren Hypothek sobald wie möglich entledigen. Gleichzeitig ist die Elektrizität für unsere künftige Energieversorgung von grosser Bedeutung: Einerseits kann sie wesentlich dazu beitragen, dass wir uns von den fossilen Energien befreien und die Klimaerwärmung in Grenzen halten. Andererseits ermöglicht sie uns dank ihrer höheren Effizienz, grosse Mengen an Energie einzusparen – insbesondere in der Mobilität.

Im Bereich der Elektrizität müssen wir deshalb zwei Probleme lösen: Die gesamte Stromproduktion muss in Zukunft aus erneuerbaren Energien stammen. Dies gilt jedoch nicht nur für die Menge an Strom, die wir derzeit verbrauchen. Auch neue Anwendungen wie Elektroautos müssen mit umweltgerecht produziertem Strom versorgt werden. Stammt dieser Strom, den wir gegenüber heute zusätzlich benötigen werden, nicht aus erneuerbaren Energien, wird das Problem bloss verlagert. Im Bereich der Mobilität etwa würden die Umweltschäden, die jetzige Autos verursachen, künftig bei der Stromproduktion mit Kohle, Erdgas oder Kernenergie auftreten. Wir kämen also vom Regen in die Traufe.

Nutzen wir den Strom effizienter als heute, können wir diesen Übergang wesentlich leichter bewältigen. In den derzeitigen Anwendungsbereichen kann der Elektrizitätsverbrauch um ein Drittel gesenkt werden. Dabei blieben unsere Geräte gleich leistungsfähig und unser Lebenskomfort unverändert. Zudem hat erneuerbarer Strom einen wichtigen Vorteil gegenüber anderen erneuerbaren

Energieformen wie beispielsweise Agrotreibstoffen. Er kann viel einfacher und günstiger produziert werden.

Die Zielsetzung muss deshalb lauten:

1. Wir müssen den Strom viel effizienter nutzen.
2. Wir müssen künftig deutlich mehr Strom aus erneuerbaren Energien produzieren als heute.

Zunächst einmal ist es wichtig, sich die Grössenordnungen vor Augen zu führen, um die es hier geht. Die folgende Grafik geht vom heutigen Verbrauch aus und zeigt auf, welche Veränderungen notwendig sind, damit wir in zwanzig oder dreissig Jahren nur noch mit Strom aus erneuerbaren Quellen auskommen können. Es handelt sich nur um eines von mehreren möglichen Szenarien. Die Grafik bezweckt vor allem zu veranschaulichen, in welchem Bereich sich die notwendigen Veränderungen bewegen.

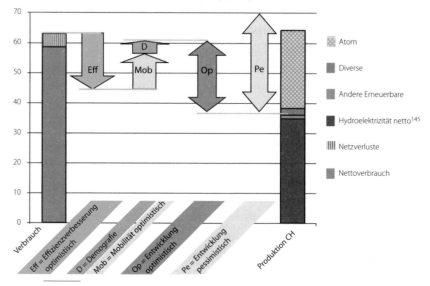

40   Stromverbrauch und Versorgungsperspektiven 2030–2040

145 Hydroelektrizität netto = hydroelektrische Produktion nach Abzug des Stroms, der für das Hinaufpumpen des Wassers notwendig ist.

Die Grafik gibt jährliche Werte an. Sie zeigt Folgendes auf:

- 2008 haben wir in der Schweiz 59 TWh Strom verbraucht. Diese Menge entspricht dem Balken ganz links.[146] Dazu kommen 4 TWh an Verlusten in den Stromleitungen und Transformatoren. Diese Menge ist blau-weiss gestrichelt markiert.
- Der rosa Pfeil steht für Einsparungen, die erzielt werden können, wenn veraltete Apparate und Maschinen durch die energieeffizientesten Modelle ersetzt werden. Die Schweizerische Agentur für Energieeffizienz (SAFE) schätzt, dass auf diese Weise 18 TWh an Strom gespart werden können.[147]
- Der gelbe Pfeil symbolisiert den fortlaufenden Übergang zur Elektromobilität. Dieser wird einen Anstieg des Stromverbrauchs in der Grössenordnung von mindestens 12 TWh mit sich bringen (vgl. dazu Seite 138).
- Der violette Pfeil repräsentiert die demografische Entwicklung der Schweiz. Gemäss einem mittleren Szenario des Bundesamtes für Statistik nimmt die Bevölkerung bis 2030 um 7 bis 8 Prozent zu. Bleibt der Energieverbrauch pro Kopf unverändert, würden deshalb jährlich zusätzlich rund 4 TWh Strom konsumiert.
- Im besten Fall (Entwicklung optimistisch) heben sich die Effizienzgewinne und der Mehrverbrauch aufgrund der Elektroautos und des Bevölkerungswachstums auf. 2030 befände sich der Stromverbrauch in diesem Fall wieder etwa auf demselben Niveau wie heute. Wenn wir dagegen keine Effizienzgewinne erzielen und einen Lebensstil wählen, bei dem der Stromverbrauch weiter ansteigt, übertrifft der zusätzliche Verbrauch die Einsparungen (Entwicklung pessimistisch).
- Der Balken ganz rechts steht für die heutige Stromproduktion in der Schweiz. Der grösste Anteil (dunkelblau) entfällt auf Was-

---

146 Endverbrauch ohne Verteilungs- und Transportverluste. Basis der Berechnung: BFE, Schweizerische Elektrizitätsstatistik 2008.
147 Schweizerische Agentur für Energieeffizienz, 2007.

serkraft und ein beträchtlicher Teil auf Kernenergie (gelb-grün).
Ein wenig Strom stammt ausserdem aus fossilen Energien (grau)
sowie aus neuen erneuerbaren Energien (grün).

- Die beiden grünen Doppelpfeile zeigen, wie viel erneuerbare
  Energie notwendig ist, um den Ausstieg aus den fossilen Energien und der Kernenergie zu schaffen. Je nach Entwicklung des
  Stromverbrauchs sind es zwischen 25 und 35 TWh (optimisti-
  sche und pessimistische Variante).

Der Moment ist günstig, um unsere Stromversorgung neu zu definieren. Die fünf Schweizer Kernkraftwerke müssen nach und nach
vom Netz genommen werden. Die drei kleinen Kraftwerke Beznau
I und II sowie Mühleberg müssen spätestens 2015 stillgelegt werden. Für Gösgen kommt dieser Moment gegen 2030 und für Leibstadt gegen 2040. Grosse Investitionen in unsere Infrastruktur zur
Stromerzeugung sind also unumgänglich. Für welchen Weg wir uns
dabei entscheiden, wird sich auf sehr lange Zeit hinaus auswirken.
Bauen wir neue Kernkraftwerke, legen wir bis 2090 unwiderruflich
fest, wie unsere Stromversorgung aussieht, denn zwanzig Jahre benötigen allein die Planung und der Bau eines Kernkraftwerks. Hinzu
kommen sechzig Jahre Betriebsdauer, die sich die Befürworter der
Kernkraft erhoffen. Berücksichtigt man den Rückbau der neuen Re-
aktoren an deren Lebensende und die Bewirtschaftung der radioaktiven Abfälle, wirkt sich ein solcher Entscheid noch viel langfristiger
aus.

Agiert die Schweiz weiterhin so unentschlossen wie bisher,
könnte dies dazu führen, dass wir in grossem Mass Strom importieren müssen. Im schlimmsten Fall würde es sich um Kohlestrom
handeln.[148] Im besten Fall wäre es Strom aus erneuerbaren Energien, wie dies die Städte Zürich und Winterthur beabsichtigen. Sie
investieren in Windenergie-Parks an der Nordsee.

------

148 La Revue durable, Nr. 31, November 2008, S. 3 (ökologische Monatszeitschrift aus
der Romandie).

Das grosse Potenzial der Energieeffizienz

Der Begriff Energieeffizienz ist heutzutage in vieler Munde. Gemeint ist damit, dass dieselbe Leistung – etwa die Beleuchtung einer Wohnung oder der Antrieb einer Lokomotive – bei einem geringeren Stromverbrauch erzielt wird. Dazu müssen kleine wie grosse elektrische Einrichtungen modernisiert werden. Dies hat nicht nur zur Folge, dass der Stromverbrauch sinkt. Die Konsumentinnen und Konsumenten sparen auch viel Geld.[149]

Das Potenzial ist gross und erstreckt sich auf verschiedenste Bereiche: Die SAFE schätzt, dass in der Schweiz jährlich 18 TWh Strom eingespart werden können, was fast einem Drittel unseres Nettoverbrauchs entspricht. Diese Analyse berücksichtigt die sparsamsten Technologien, welche 2007 auf dem Markt erhältlich waren. Die SAFE schlägt eine Vielzahl von Massnahmen aus den unterschiedlichsten Bereichen vor. Sie fordert etwa, die traditionellen Glühbirnen auszuwechseln oder klassische Herde durch Induktionsherde zu ersetzen. Auch Industriemotoren hat sie in ihre Überlegungen einbezogen. Die folgende Grafik fasst die Forderungen zusammen. Zwei wichtige Aspekte des Stromsparens hat die SAFE hingegen nicht einmal berücksichtigt: Der kommende technische Fortschritt (zum Beispiel Diodenlampen) birgt ein zusätzliches Potenzial. Zudem gibt es Anlagen, die während langer Stunden sinnlos in Betrieb sind. Würden sie abgestellt, könnten weitere 9 TWh eingespart werden.[150] Ein typisches Beispiel sind die Lüftungen von Supermärkten, die auch nach Ladenschluss mit voller Kraft weiterlaufen. IT-Server in Büros bleiben ebenfalls angestellt, wenn längst niemand mehr bei der Arbeit ist. Das gesamte Sparpotenzial aus Energieeffizienz und sogenanntem «Betrieb ohne Nutzen» erlaubt für die derzeitigen Anwendungen der Elektrizität Einsparungen in der Höhe von 18 TWh (s. Abbildung 40).

---

149 Siehe Weinmann-Energies SA, 2009.
150 Infras/TNC, 2010, S. 92.

41   Zusammenfassung des Sparpotenzials beim Strom gemäss SAFE[151]

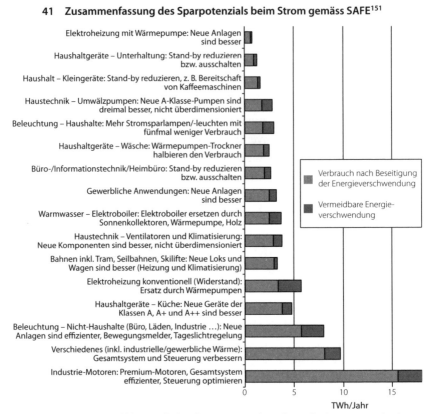

Das Total (rot und blau) stellt den derzeitigen Verbrauch vor der Beseitigung der derzeitigen Energieverschwendung dar.

Um diese Einsparungen zu erzielen, müssen nach und nach all die Geräte, die in Abbildung 41 genannt werden, ersetzt werden. Dazu müssen verschiedene Strategien gleichzeitig verfolgt werden:

- Bei allen Produkten, die in grossen Serien hergestellt werden, dürfen nur die sparsamsten Modelle zum Verkauf zugelassen werden. Das betrifft etwa Lampen, kleine Motoren, Föhns, Ge-

---

151 Quelle: Schweizerische Agentur für Energieeffizienz, 2007.

räte aus der Unterhaltungselektronik und Ähnliches. Diese Politik verfolgt die EU, und die Schweiz folgt ihr mit dem üblichen Rückstand. Die Konsumentinnen und Konsumenten sind dabei nicht immer von sich aus in der Lage, die richtigen Entscheidungen zu treffen. Beim Kauf eines Handys möchte man beispielsweise die Garantie haben, dass das Ladegerät effizient arbeitet, ohne diesen Aspekt im Auge behalten zu müssen. Ein anderes Argument spricht ebenfalls dafür, in diesem Bereich mit gesetzlichen Vorschriften zu arbeiten: Der Stromverbrauch jedes einzelnen Geräts ist gering. Der übermässige Verbrauch ergibt sich daraus, dass viele Leute viele Geräte benutzen. Der Unterschied zwischen einem sparsamen und einem weniger sparsamen Gerät macht deshalb in der jährlichen Stromabrechnung kaum mehr als ein paar Franken aus. Will man in diesem Bereich etwas bewirken, bringt es nichts, finanzielle Anreize zu bieten. Erlässt man dagegen strenge Normen, verbessert sich die Effizienz durch Neukäufe in grossem Mass. Im derzeitigen Durcheinander bietet die Internetsite www.topten.ch eine wertvolle Hilfe. Sie listet die effizientesten Geräte aus verschiedensten Bereichen auf.

- Bei Anlagen, die viel Strom verbrauchen, und bei festen Einrichtungen in Häusern sind finanzielle Anreize dagegen notwendig. Fortschrittliche Stromlieferanten bieten ihren Grosskunden deshalb keine Mengenrabatte mehr an. Stattdessen gewähren sie jenen Unternehmen Vergünstigungen, die sich bemühen, ihren Verbrauch zu senken. Auch der Staat kann die Modernisierung von energieineffizienten Anlagen finanziell unterstützen. Dies gilt insbesondere für elektrische Direktheizungen. Diese durch Zentralheizungen zu ersetzen, ist ein teures Unterfangen, da ein ganzes Leitungsnetz installiert werden muss. Das nationale Gebäudeprogramm würde einen guten Rahmen bieten, um solche Heizungen auf rationelle Weise zu modernisieren. Auch der unnütze Betrieb von elektrischen Einrichtungen könnte im Rahmen des Programms reduziert werden.

Eine Effizienzsteigerung entlastet nicht nur die Stromproduktion, sondern auch das Stromnetz. Dies hat zur Folge, dass weniger Geld in dessen Entwicklung investiert werden muss. Insbesondere die konventionellen Elektroheizungen belasten das Stromnetz stark. Naturgemäss erreicht ihr Verbrauch an den kältesten Wintertagen die höchsten Werte. Das Stromnetz und die Stromversorgung müssen deshalb so konzipiert sein, dass sie diese Maximalbelastung aushalten. In der Schweiz wird dieses Problem noch dadurch verschärft, dass im Winter weniger Strom aus Wasserkraft produziert wird.

Aus diesem Grund bringt eine bessere Energieeffizienz nicht nur der Umwelt Vorteile. Es entsteht auch ein doppelter finanzieller Vorteil: direkt, indem weniger Strom verbraucht wird, und indirekt, indem weniger Geld ins Stromnetz investiert werden muss. Strom einzusparen, ist deshalb nicht nur von grundlegender Bedeutung für eine Wende in der Energiepolitik. Strom sparen ist ganz einfach auch rentabel.

Erneuerbare Energien: Das Potenzial in der Schweiz

Weniger Strom zu verbrauchen, ist das eine. Wollen wir eine energiepolitische Wende wirklich schaffen, müssen wir auch bedeutend mehr Strom als heute aus erneuerbaren Energien produzieren. Kann ein Grossteil der möglichen Einsparungen realisiert werden, beläuft sich die notwendige Menge an sauberem Strom auf rund 25 TWh pro Jahr (vgl. das Szenario in Abbildung 40, Seite 174). In dieser Berechnung enthalten sind 18 TWh an Effizienzgewinnen sowie der zusätzliche Stromverbrauch durch Elektroautos und aufgrund des Bevölkerungswachstums. Setzt sich die Stromverschwendung indes weiter fort, müssen wir noch mehr erneuerbaren Strom herstellen. Hier soll zunächst einmal geklärt werden, wie viel erneuerbarer Strom in der Schweiz realistischerweise produziert werden kann, danach folgt ein Szenario, wie die Stromversorgung auch langfristig sichergestellt werden kann.

Das Potenzial der Biomasse

Biomasse besteht aus pflanzlichen Organismen oder aber aus Produkten, die darauf zurückgehen, wie Stallmist. Mittels Biomasse kann Wärme erzeugt werden, indem beispielsweise Holz verbrannt wird. Sie kann aber auch dazu dienen, Strom zu produzieren. Dazu wird die Biomasse meist in Methan (Biogas) umgewandelt. Das Biogas wird danach in einem Motor oder einer Gasturbine eingesetzt, die wiederum einen Stromgenerator antreiben. Die Wärme, die dabei frei wird, kann dazu verwendet werden, ein Haus oder ein Treibhaus zu beheizen.

Es wäre jedoch Unsinn, die Schweiz in ein Rübenfeld zu verwandeln, um möglichst viel Biomasse zu produzieren. Die Energieeffizienz von Biomasse ist dazu nur schon zu gering. Ausserdem wären die Biodiversität und die Versorgung mit Nahrungsmitteln gefährdet. Und schliesslich fiele auch die ökologische Bilanz sehr schlecht aus (vgl. Kasten zu den Agrotreibstoffen, Seite 90).

Das ökologisch sinnvolle Potenzial von Biomasse ist begrenzt. Es umfasst im Wesentlichen ungenutztes Holz in den Wäldern und diverse Abfälle (organische Haushaltabfälle, landwirtschaftliche Abfälle etc.). Würde die gesamte nutzbare Biomasse für die Stromproduktion verwendet, könnten damit jährlich schätzungsweise 10 TWh generiert werden. Es ist jedoch davon auszugehen, dass Biomasse künftig noch für andere Zwecke (Heizen, Biotreibstoff) zum Einsatz kommt. Realistischerweise muss deshalb von einer Stromproduktion von rund 4 TWh jährlich ausgegangen werden.[152] Der Energie Trialog Schweiz schätzt das Potenzial der Biomasse für die Stromproduktion auf 5 TWh.[153]

Ein wichtiger Pluspunkt besteht darin, dass Biomasse gelagert und im gewünschten Moment verwendet werden kann. Hingegen

---

152 BFE, Die Energieperspektiven 2035, 2004, S. 42, und BFE, Potentiale zur energetischen Nutzung von Biomasse in der Schweiz, Dezember 2004, S. 210.
153 Energie Trialog Schweiz, 2009, S. 26.

ist es recht kostspielig, noch nicht verarbeitete Biomasse zu transportieren oder zu verladen.

Das zusätzliche Potenzial der Hydroelektrizität

Heute werden bereits rund 35 TWh Strom mit Wasserkraft produziert. Das Steigerungspotenzial ist nur gering und liegt bei etwa 2 TWh netto. Dieses Ziel ist im Energiegesetz festgelegt. Erreicht werden soll es einerseits, indem die bestehenden Wasserkraftwerke optimiert werden. Andererseits sollen insbesondere bei Trinkwasser- und Abwasserleitungen kleine Wasserkraftwerke gebaut werden. Diese zusätzliche Produktion wird jedoch durch Wasserverluste als Folge des Klimawandels beeinträchtigt. Ein weiterer Faktor wird die Stromproduktion aus Wasserkraft ebenfalls senken: Bei der Erneuerung der Konzessionen der Kraftwerke müssen nämlich die Mindestrestwassermengen in den Wasserläufen wiederhergestellt werden. Das Steigerungspotenzial bei der Hydroelektrizität muss in jedem Fall ausgeschöpft werden. Dabei darf aber der Naturschutz nicht vergessen gehen, sind die Gewässer doch heute schon stark beeinträchtigt. Gewisse Wasserkraftprojekte nehmen darauf leider zu wenig Rücksicht.

Das Potenzial der Windenergie

Das aus dem Jahr 2004 stammende Konzept des Bundes Windenergie Schweiz[154] beziffert das Potenzial der Windenergie sehr konservativ auf 4 TWh bis 2050. Dabei wurden die Windbedingungen in den Alpen, insbesondere im Wallis, völlig unterschätzt. Zudem ging der Bund damals von Windenergieanlagen aus, die halb so stark wie die heutigen sind. Seit 2004 wurden die Leistung, die Länge der Flügel, die Elektromechanik und die Leistung bei schwachen Winden erheblich verbessert. Der ehemalige SP-Nationalrat Rudolf Rechsteiner, ein anerkannter Experte für

---

154 BFE/BAFU/ARE und Suisse Eole, 14.12.2010.

Windenergie, beziffert das Potenzial auf 6 TWh für 1000 bis 1500 Windenergieanlagen.[155] Dies entspricht einem Zehntel unseres Verbrauchs. Rechsteiner beschränkt sich in seiner Schätzung auf Orte, die für Windenergieanlagen besonders geeignet sind. Jene Windenergieprojekte, die derzeit im Rahmen der kostendeckenden Einspeisevergütung eingereicht wurden (vgl. dazu Kasten Seite 108), kommen auf eine Gesamtproduktion von 2 TWh. Analysiert man die Projekte, die derzeit am Laufen sind, scheint Rechsteiner mit seiner Prognose besser zu liegen als der Bund.

In Österreich erreichte die Stromproduktion aus Windkraft 2008 die Marke von 2 TWh[156] – das ist hundertmal mehr, als die Schweiz im selben Jahr ausweisen konnte.[157] Dies ist umso bemerkenswerter, als unser Nachbarland der Schweiz topografisch ähnelt und ebenfalls keine Meeresküste mit besonders starken Winden aufweist. Und der österreichische Dachverband der Windenergie hat noch mehr vor: Bis 2020 will er 7 TWh Strom produzieren. Die 4 TWh, welche die Schweiz bis 2050 anstrebt, sind also alles andere als ein ehrgeiziges Ziel.

Wind- und Wasserkraft ergänzen sich in der Schweiz bestens. Denn 60 Prozent des Stroms aus Windkraft werden im Wintersemester erzeugt. Die Wasserkraftwerke dagegen produzieren im Sommer am meisten Strom, wenn die Schneeschmelze einsetzt. Ein starker Ausbau der Windkraft würde deshalb mithelfen, die Stromproduktion zwischen Sommer und Winter auszugleichen (vgl. dazu Abbildung 43, Seite 191). Meiner Meinung nach müsste das Ziel darin bestehen, bis 2030 5 TWh Strom aus Windkraft zu produzieren. Dies entspräche tausend grossen Anlagen mit einer Leistung von 3 MW, die an guten Orten platziert sind.

---

155 Rechsteiner, R., 2009, S. 68.
156 IG Windkraft, 22. 1. 2009.
157 Suisse Eole, Eole-info, Nr. 16, März 2009.

Windkraft, Natur und Landschaft

Gegen Windkraftanlagen wird gelegentlich ins Feld geführt, sie würden sich per Saldo negativ auf die Umwelt auswirken und die natürliche Landschaft zerstören. Diese Aspekte müssen unbedingt auseinandergehalten werden, obwohl sie scheinbar Ähnliches ansprechen. Zum einen ist es in der Tat so, dass eine natürliche Landschaft schöner ist als eine mit Windkraftanlagen. Daher ist es auch sinnvoller, Windkraftturbinen in Parks zu gruppieren, statt sie einzeln über die Landschaft zu verstreuen. Vorteilhaft ist es auch, wenn sie an Orten aufgestellt werden, die weniger gut einsehbar sind. Talböden oder Hänge sind deshalb Gebirgskämmen vorzuziehen. Unter dem Blickwinkel des Landschaftsschutzes ist es ausserdem sinnvoll, eine kleine Anzahl sehr grosser Windkraftwerke an den windigsten Standorten zu platzieren. Ein Punkt sollte dabei aber nicht vergessen gehen: Die Beeinträchtigung der Landschaft durch tausend Windkraftanlagen ist im Vergleich zu den rund 7000 Kilometer Hochspannungsleitungen (220/380 kV) gering. Mit seinen rund 25000 Masten zieht sich dieses Netz durch die ganze Schweiz.[158]

Auch kann nicht davon die Rede sein, Windkraftanlagen würden sich per Saldo negativ auf die Umwelt auswirken. An einem geeigneten Standort produziert eine 3-MW-Windkraftturbine in der Schweiz rund 5 GWh pro Jahr. Eine grosse 6-MW-Anlage am Meer kommt sogar problemlos auf 20 GWh. Während ihres ganzen Lebenszyklus produziert eine durchschnittliche Windkraftanlage siebzigmal mehr Energie, als für ihre Herstellung, ihre Montage und ihre Demontage notwendig ist.[159] Grosse Windkraftanlagen beeinträchtigen den Lebensraum von Tieren und Pflanzen kaum. Ihr Sockel nimmt bloss rund 100 Quadratmeter in Anspruch. Die land- und forstwirtschaftliche Nutzung des Gebietes um eine Anlage herum wird nicht beeinträchtigt. Kühe fühlen sich von Windkraft-

158 Graf, P.-A., 19.4.2010.
159 Über die Energiebilanz von Windkraftturbinen: Wagner, H.-J., 2004.

anlagen nicht gestört. Giftige Abgase stossen Windkraftanlagen erst recht nicht aus. Auch für Vögel sind moderne Anlagen nicht mehr gefährlich. Dies war bei den ersten Modellen noch der Fall, weil sie nicht sehr hoch gebaut waren und die Rotoren sich sehr schnell drehten. Mit sehr hohen Windkraftanlagen, wie sie heute üblich sind, stellt sich dieses Problem kaum mehr. Moderne Turbinen laufen zudem viel geräuschärmer, weil sie höher gebaut sind und die Aerodynamik verbessert wurde. Heutzutage muss einzig beachtet werden, dass Windkraftturbinen nicht an Orten aufgestellt werden, die von Zugvögeln oder Fledermäusen beansprucht werden. Nach ihrer Demontage (inklusive der Entfernung des Betons und des Stahls, die den Sockel bilden) hinterlassen Windkraftturbinen keine Spuren in der Natur. Fast sämtliche Materialien, aus denen Windkraftanlagen gebaut werden, sind wiederverwertbar. Einige Jahre nachdem eine Turbine abgebaut ist, hat die Natur dieses Gebiet bereits wieder zurückerobert. Dies kann von fossilen Energien und Radioaktivität nicht gesagt werden. Sie schaden der Natur unendlich mehr.

Windkraftturbinen müssen dort aufgestellt werden, wo es am meisten Sinn macht: an windigen Orten, die durch Strassen und Stromleitungen erschlossen sind. Verbietet man prinzipiell Windkraftanlagen in Wäldern oder in Schutzzonen jeglicher Art, könnte sich dies rächen. Entweder werden dann keine Anlagen gebaut, oder aber sie werden an weniger geeignete Orte verlegt, wo die Auswirkungen auf die Landschaft und die Umwelt noch grösser sind. Denkbar ist auch, dass sie an Orten gebaut werden, wo die Stromproduktion geringer ist. Dies kann ebenfalls nicht der Sinn der Sache sein. Die Betreiber von Windkraftturbinen haben im Übrigen ein lebhaftes Interesse daran, ihre Anlagen dort aufzustellen, wo sie nicht auf Widerstand stossen. Aus diesem Grund werden sie auch Schutzzonen vermeiden.

Das Potenzial der Fotovoltaik

Das theoretische Potenzial der Fotovoltaik übersteigt die Bedürfnisse der Schweiz bei Weitem. Es würde ausreichen, 1,2 Prozent der Oberfläche der Schweiz mit modernen fotovoltaischen Zellen zu bestücken, um unseren jährlichen Stromverbrauch zu decken.[160] Allerdings würde die Produktion wegen der unterschiedlichen Sonneneinstrahlung im Verlauf des Jahres stark schwanken. Aus diesem Grund können wir nicht allein auf die Fotovoltaik setzen. Sie weist jedoch einen wichtigen wirtschaftlichen Vorteil auf: Strom aus Fotovoltaik wird tagsüber produziert, wenn auch der Verbrauch am höchsten ist.

Die Schweiz ist derart dicht besiedelt, dass man mit Solarzellen in der freien Landschaft zunächst einmal zurückhaltend sein sollte. In erster Priorität müssten Dächer und Gebäudefassaden, bei denen keine ästhetischen Gründe dagegen sprechen, mit fotovoltaischen Zellen bestückt werden. Bereits mit 150 km² Solarzellen auf gut ausgerichteten Dächern können 18 TWh Strom produziert werden.[161] Diese Rechnung beruht auf der Annahme, dass wie heute sowohl leistungsstarke Solarzellen mit kristalliner Beschichtung wie auch weniger effiziente Dünnschichtzellen benutzt werden. Ausser auf Dächern können Solarzellen aber auch andernorts installiert werden – ohne intakte Natur zu beanspruchen. Dazu bieten sich etwa Parkhäuser und Parkplätze, Strassen, Staumauern, Lärmschutzwände oder Lawinenverbauungen an. Rudolf Rechsteiner geht davon aus, dass mittels Fotovoltaik 47 TWh Strom produziert werden können.[162]

Ein weiterer wichtiger Vorteil der Fotovoltaik: Sie beruht auf vielen kleinen oder mittelgrossen Installationen und stösst deshalb

---

160 Dieses System wäre wie folgt konzipiert: 120 Watt Leistung pro Quadratmeter, 1000 Stunden volle Leistung, 500 km² auf insgesamt 41 290 km² Landesfläche der Schweiz.

161 Nowak, S., Gnos, S., Gutschner, M., S. 29.

162 Rechsteiner, R., 2009, S. 15.

vergleichsweise kaum auf Widerstand durch Einsprachen oder auf juristische Hindernisse.

Das Potenzial der Geothermie

Die Technologie zur geothermischen Stromerzeugung ist noch nicht ausgereift, weshalb die Schätzungen über ihr Potenzial weit auseinandergehen. Ausser in vulkanischen Regionen, wo die Hitze aus dem Erdinneren fast bis ganz an die Oberfläche kommt, gibt es bloss Pilotprojekte. Trotzdem glaubt der Stromkonzern Axpo, dass in der Schweiz mittels Geothermie 18 TWh produziert werden könnten.[163] Die 2009 erschienene Studie «Schweiz erneuerbar» von Rudolf Rechsteiner geht von 2 TWh aus, was realistischer scheint. Geothermie hat den Vorteil, dass durchgehend und ohne Schwankungen produziert werden kann. Zudem wird Wärme freigesetzt, die für Fernwärme-Heizungen genutzt werden kann.

Einen Rückschlag hat die Geothermie in der Schweiz erlitten, als das Basler Projekt wegen seismischer Erschütterungen auf Eis gelegt wurde. Derzeit wird darüber diskutiert, ob es nicht besser wäre, das Erdreich aufzubohren statt aufzusplittern, um den Wärmeaustauscher in der Tiefe zu installieren. Dies würde grössere Beben wie in Basel vermeiden helfen.

Überblick: Was wurde unternommen und was ist möglich?

Rein mengenmässig kann die Schweiz bei Weitem genügend Strom aus erneuerbaren Quellen produzieren, um eine energiepolitische Wende zu schaffen. Pro Jahr sind gegenüber heute zusätzlich rund 25 TWh absolut realistisch. Die folgende Tabelle fasst dies in Zahlen zusammen und präsentiert ein konkretes Szenario. Dabei werden kommende technische Fortschritte nicht berücksichtigt. Das Szenario basiert auf der Produktion von erneuerbarer Elektrizität im Inland, und es weist gewisse Ähnlichkeiten zum «pragmatischen»

---

163 Axpo, 2006, S. 16.

Szenario aus Rudolf Rechsteiners Studie[164] auf. In dessen Studie werden zwei weitere Szenarien entwickelt: Das «europäische» stützt sich auf den Import von Windenergiestrom aus den Nachbarländern, während das «innovative» Szenario auf einen starken Ausbau der Fotovoltaik setzt.

Die Tabelle vergleicht das Szenario ausserdem mit der geplanten Stromproduktion jener Projekte, die im Rahmen der kostendeckenden Einspeisevergütung eingereicht wurden. Diese beläuft sich auf 6 TWh, was der Jahresproduktion der beiden Kernkraftwerke Mühleberg und Beznau I entspricht.

Zwei Drittel dieser Projekte, welche ein Potenzial von 6 TWh aufweisen, waren schon 2009 bewilligt. Die übrigen waren blockiert, weil die Mittel für ihre Realisierung fehlten. Inzwischen hat das Parlament hier teilweise Abhilfe geschafft. Man muss indes damit rechnen, dass ein Teil dieser Projekte nicht realisiert wird, weil sie den rechtlichen Voraussetzungen nicht entsprechen. Besser konzipierte Projekte werden jedoch schnell folgen. Zwischen 2006 und 2009 wurden mithilfe der Einspeisevergütung bereits Anlagen gebaut, die pro Jahr eine halbe TWh Strom produzieren. Die Stromproduktion stieg also dank der Einspeisevergütung um fast 1 Prozent. Eine solche strukturelle Erhöhung hatte es seit Jahrzehnten nicht mehr gegeben. Mittels der Einspeisevergütung wird es möglich, eine erste wichtige Serie von Anlagen zu bauen, die erneuerbaren Strom produzieren. Die Projekte teilen sich auf drei Bereiche auf: Biomasse, kleine Wasserkraftwerke und Windkraftturbinen. Die Zahl der fotovoltaischen Projekte wurde streng begrenzt, weil die Kosten hier relativ hoch waren. Deshalb sind es auch vor allem Sonnenenergieprojekte, die noch auf ihre Umsetzung warten.

---

164 Rechsteiner, R., 2009, S. 53.

42   Potenzial, Szenario und konkrete Projekte für zusätzlichen erneuerbaren Strom

Geschätzte jährliche Stromproduktion	Potenzial an zusätzlichen TWh	«Pragmatisches» Szenario	Eingereichte Projekte im Rahmen der Einspeisevergütung bis Ende 2009 (TWh)[165]
Biomasse	9	4	1,9
Wasserkraft	2	2	2,1
Windkraft	6	5	2,0
Fotovoltaik (Hausdächer)	18	12	
Fotovoltaik (Erdboden sowie Infrastrukturen, insgesamt 200 km², was 0,5 % der Landesfläche entspricht)	24	1	0,14
Geothermie	2	1	0,003
Total	61	25	6,143 (davon 4,2 TWh genehmigt)

Langfristig müssen im Rahmen der Einspeisevergütung aber andere Energieformen als heute dominieren. Die Nutzung der Wasserkraft kann längerfristig nicht mehr derart schnell ausgebaut werden wie heute. Dazu gibt es ganz einfach zu wenig Wasserläufe. Auch die Stromproduktion aus Biomasse weist natürliche Grenzen auf. Hingegen ist die Fotovoltaik heute völlig untervertreten, weil ihr Anteil künstlich klein gehalten wird. Mit den sinkenden Kosten wird der Anteil der Sonnenenergie aber nach und nach steigen, denn das Energiegesetz verknüpft die Erhöhung der Kontingente mit der Kostensenkung. Bisher haben politische Vorurteile es verunmöglicht, diese Begrenzung der fotovoltaischen Projekte aufzuheben.

---

165 Quelle: Stiftung Kostendeckende Einspeisevergütung (KEV), 2009, S. 14 und 15.

Die Sicherheit und Zuverlässigkeit der nachhaltigen Stromproduktion

Aus physikalischen Gründen muss die Stromversorgung jederzeit dem Stromverbrauch entsprechen. Nur so können Zwischenfälle und Pannen vermieden werden. Das Stromnetz kann aber lediglich Strom transportieren; speichern kann es ihn nicht. Somit muss die Stromproduktion laufend angepasst werden, um den Verbrauch zu decken. Daraus folgt weiter, dass Produktionsreserven notwendig sind, falls ein grosses Kraftwerk unerwartet ausfällt oder eine Stromleitung unterbrochen wird.

Nun schwankt aber der Stromverbrauch im Verlauf des Jahres und auch des einzelnen Tages. Zum Teil geschieht dies unvorhergesehen, sodass die Stromproduktion sehr flexibel sein muss. Vereinfacht gesagt verfügt man über drei verschiedene Arten der Stromproduktion:

1. Anlagen mit einer konstanten Stromproduktion wie etwa Kernkraftwerke: Sie produzieren Tag und Nacht gleich viel Strom, unabhängig davon, wie die Nachfrage aussieht. In diese Kategorie gehört auch die Geothermie.

2. Anlagen mit einer variablen, aber nicht anpassungsfähigen Produktion: Hierzu gehören etwa Flusskraftwerke, Fotovoltaik oder Windkraft. Ihre Stromproduktion hängt direkt vom Wetter ab. Die Stromproduktion einer einzelnen Anlage dieser Art ist unregelmässig und unvorhersehbar. Die Gesamtproduktion aller Anlagen desselben Typs kann jedoch recht gut mehrere Tage im Voraus berechnet werden. Auf europäischer Ebene ist die Produktion sogar ziemlich ausgeglichen, weil das Wetter nicht immer überall dasselbe ist.

3. Anlagen mit einer variablen, anpassungsfähigen Produktion: Zu dieser Kategorie gehören Stauseen, Erdgas- und Kohlekraftwerke, Anlagen mit Biogas sowie solarthermische Kraftwerke mit Wärmespeicherung. Sie können sehr schnell an- und wieder abgestellt werden. Dazu sind teilweise bloss einige Sekunden, im

Höchstfall aber zwanzig bis dreissig Minuten notwendig. Gewisse Stauseeanlagen verfügen zudem über Pumpen, mit denen sie Wasser in den See hinauftransportieren können. Dieses Wasser wird später verwendet, um den Strom genau dann zu produzieren, wenn eine grosse Nachfrage besteht. Stauseeanlagen mit Pumpen gleichen also riesigen Batterien.

43   Stromproduktion und -verbrauch in der Schweiz im Jahr 2008[166]

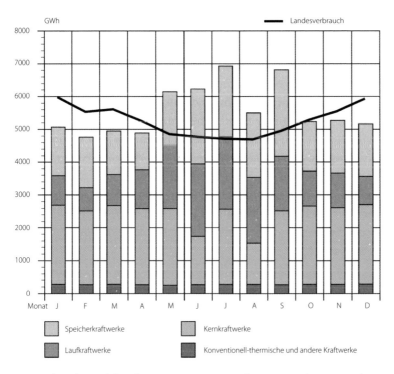

Speicherkraftwerke

Laufkraftwerke

Kernkraftwerke

Konventionell-thermische und andere Kraftwerke

Die Behörde, welche das Stromnetz verwaltet, muss diese verschiedenen Parameter miteinander in Einklang bringen, um eine sichere Stromversorgung sicherzustellen. Dabei müssen die Unterschiede

166 BFE, Schweizerische Elektrizitätsstatistik 2008, S. 14.

im Stromverbrauch, die während eines Tages auftreten, so gut wie möglich vorweggenommen werden. Diese Schwankungen werden beispielsweise durch das An- und Abschalten der Herdplatten zu den Essenszeiten verursacht. Auch die Spitzen im Verbrauch der Elektroheizungen oder Klimaanlagen müssen bewältigt werden. Das Wetter ist ein weiterer wichtiger Faktor: Es beeinflusst den Verbrauch wie die Produktion. Neben der inländischen Stromproduktion haben die Behörden aber einen Trumpf in der Hinterhand: Sie können Stromüberschüsse exportieren und im Falle eines Mangels im Inland ausländischen Strom einkaufen. Zudem können Stromüberschüsse verwendet werden, um Wasser in die Stauseen zu pumpen. Mit diesem Wasser kann später Strom erzeugt werden, wenn dieser knapp ist.

Jedes Jahr sieht sich die Schweiz aufs Neue mit einem Ungleichgewicht von Stromverbrauch und -produktion konfrontiert. Der Verbrauch steigt im Winter an, weil es früher dunkel wird und Elektroheizungen sowie Wärmepumpen auf Hochtouren laufen. Umgekehrt produzieren die Wasserkraftwerke im Winter aber deutlich weniger Strom, weil in der Höhe Schnee und nicht Regen fällt. Mit der Schneeschmelze im Sommer schnellt die Stromproduktion der Wasserkraftwerke dann in die Höhe. Abbildung 43 illustriert dieses Phänomen.

Damit Angebot und Nachfrage ins Gleichgewicht kommen, importiert die Schweiz von November bis April beträchtliche Strommengen aus dem Ausland. Möglich wird dies durch ein Stromnetz, das die verschiedenen Länder miteinander verbindet. Verbrauch und Produktion werden also auf europäischer und nicht auf nationaler Ebene in Einklang gebracht. Glücklicherweise verfügen die Stromleitungen, die uns mit dem Ausland verbinden, über grosse Kapazitäten. Und auch wenn sich das Vorurteil hartnäckig hält und von der Propaganda der Kernenergiebefürworter immer wieder geschürt wird: Somit wäre unsere Stromversorgung auch künftig nicht gefährdet, wenn die eine oder andere Turbine im Land mangels Wind nicht in Betrieb ist. Solche Schwankungen auf nationaler

Ebene fallen nicht ins Gewicht, wenn ein Stromnetz Zehntausende von Windkraftturbinen miteinander verbindet.

Die Integration erneuerbarer Energien ins europäische Stromnetz gelingt oder scheitert auf kontinentaler Ebene. Eine solche europäische Solidarität ist auch notwendig. Nichts wäre falscher, als sich der immer noch verbreiteten Idee hinzugeben, die Schweiz decke ihren Stromverbrauch vollständig selber ab. Übers ganze Jahr gesehen produziert die Schweiz zwar tatsächlich so viel Strom, wie sie verbraucht. Von einer Selbstversorgung kann aber dennoch nicht die Rede sein. Während gewisser Monate importieren wir grosse Strommengen, während wir zu anderen Zeiten unsere Überschüsse ans Ausland verkaufen. Es käme sehr teuer zu stehen und wäre auch nutzlos, wollte die Schweiz tatsächlich zur permanenten Selbstversorgerin in Sachen Strom werden.

Durch diesen Austausch mit dem Ausland trägt die Schweiz auch dazu bei, das europäische Stromnetz zu stabilisieren. Ihre zahlreichen Stauseen stellen eine wichtige Reserve dar, die rund 8 TWh gespeichertem Strom entsprechen. Damit hilft die Schweiz ihren Nachbarländern, deren Spitzenverbrauch während des Tages abzudecken und die Schwankungen von Solar- und Windkraftwerken auszugleichen. Dieses Geschäft ist äusserst lukrativ, da der Strompreis während der Spitzenverbrauchszeiten am Tag sehr hoch liegt. Mehrere Schweizer Stromkonzerne investieren derzeit aus genau diesem Grund in die Pumpen ihrer Stauseen. Deren Leistung soll in den nächsten Jahren von 1700 MW auf 6300 MW steigen. Das Speichervolumen der Seen soll hingegen kaum erhöht werden.[167]

Ursprünglich wurden die Stauseen zur saisonalen Regulierung gebaut. Mit den geplanten Leistungssteigerungen will man jedoch die Speicherkapazität während des Tages oder während der Woche erhöhen. Dieselbe Wassermenge wird mehrmals hintereinander in den See gepumpt, um damit Strom zu produzieren. Dazu wird je-

---

167 www.wendezeit.ch/pumpspeicherung-pumpspeicherkraftwerke-problematik-gewinn.

doch jedes Mal Energie verbraucht. Deshalb macht dies nur Sinn, wenn für das Pumpen Überschüsse aus erneuerbaren Quellen verwendet werden.

44 Der Netto-Stromaustausch mit dem Ausland im Jahr 2008[168]

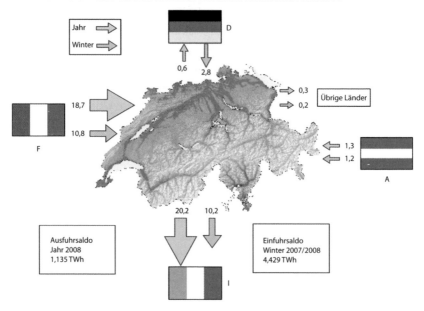

Wie diese Grafik zeigt, nimmt die Schweiz rege am internationalen Stromaustausch teil. Ihre guten Stromleitungen ins Ausland erlauben es ihr, als Durchgangsland für den Strom von Frankreich nach Italien zu dienen. Die Schweiz benutzt nachts französischen Atomstrom, den sie zu Spottpreisen einkauft, und pumpt damit Wasser in ihre Stauseen hinauf. Mit diesem Wasser produziert sie tagsüber Strom, den sie zu teuren Preisen verkaufen kann. Insbesondere exportiert sie diesen nach Italien. Die Strommenge, die jedes Jahr unsere Grenzen überquert, ist enorm und entspricht unserem Jahresverbrauch. Und die Spitzenmenge an Strom, die aus dem Ausland zu uns kommt, ist gleich hoch wie der durchschnittliche Verbrauch der Schweiz.[169]

---

168 Quelle: BFE, Schweizerische Elektrizitätsstatistik 2008, S. 5.
169 Graf, P.-A., 19.4.2010.

Will man die erneuerbaren Energien in die europäischen Stromnetze integrieren, müssen genügende Mengen an Strom von einem Teil Europas zum anderen transportiert werden können. So kann auf die Schwankungen der Sonneneinstrahlung und der Windstärke reagiert werden. Die Einrichtungen müssen so modernisiert werden, dass die Stromflüsse in Echtzeit und präziser gesteuert werden können (siehe folgenden Kasten).

Ein Ausbau des Stromnetzes ist unausweichlich und muss jetzt an die Hand genommen werden. Die EU hat sich an die Arbeit gemacht und plant den Bau des Supergrid. Dieses Gleichstromnetz würde es erlauben, Strom über grosse Distanzen zu transportieren (siehe Seite 104). Für die Schweiz ist es von entscheidender Bedeutung, ihren Platz im Supergrid zu finden. Nur so kann sie einerseits ihre Stromversorgung sicherstellen und andererseits die Speicherkapazitäten ihrer Stauseen voll ausspielen. Die Schweiz muss deshalb ein Abkommen mit der EU schliessen – oder ihr beitreten. Grosse Investitionen in unser Starkstromnetz erwarten uns so oder so, denn zwei Drittel der Leitungen stammen aus der Zeit zwischen 1950 und 1960. Sie müssen innert der nächsten zwanzig Jahre erneuert werden.[170]

Ein intelligentes Stromnetz (Smartgrid)

Aus historischen Gründen ist unser Stromnetz sternförmig aufgebaut. Der Strom wird aus den Kraftwerken einer Vielzahl von kleinen und mittleren Verbrauchern geliefert. Der Strom fliesst also nur in einer Richtung. Eine grundlegende Eigenschaft erneuerbarer Energiequellen ist jedoch, dass sie im Gegensatz zu traditionellen Kraftwerken sehr dezentralisiert sind. Jeder Windturbinenpark, jedes Haus mit fotovoltaischen Zellen und jede Einrichtung für Biomasse ist am Netz angeschlossen und speist Strom ein. Dieser fliesst also zusätz-

---

170 Ebd.

lich nicht mehr nur in einer, sondern in beide Richtungen. Der Unterschied ist in etwa derselbe wie jener zwischen Fernsehen und Internet: Im Fernsehen kommt der Impuls nur aus einer Richtung, im Internet aus beiden Richtungen. Und so wie das Kabelnetz des Fernsehens modifiziert und internettauglich gemacht wurde, muss auch unser bestehendes Stromnetz neu ausgerichtet werden.

Mit einer Dezentralisierung des Netzes kann auch die Gefahr von Stromversorgungspannen verringert werden. Denn ein Ausfall in einer kleinen Produktionseinheit ist weitaus weniger problematisch als ein Zwischenfall in einem grossen Kraftwerk. In einem dezentralisierten Netz kann die zuständige Verwaltungsbehörde zudem per Fernsteuerung Wärme-Kraft-Kopplungen oder Biogasanlagen einschalten, wenn der Verbrauch in die Höhe schnellt oder eine andere Stromproduktionsanlage ausfällt.

Eine solche Fernsteuerung kann aber auch beim Endverbraucher zum Einsatz gelangen. Auf diese Weise kann die Netzverwaltung während der Spitzenverbrauchszeiten für ein paar Minuten Geräte bei den Endverbrauchern abstellen, die besonders viel Energie fressen (zum Beispiel die Gefriertruhe oder die Klimaanlage). Auch bei «Betrieb ohne Nutzen» könnte auf diese Weise Strom gespart werden. In diesem Bereich gehen derzeit jährlich 9 TWh verloren.

Die Elektromobilität bietet in diesem Zusammenhang interessante Perspektiven: Die Batterien von parkierten Fahrzeugen könnten als Puffer dienen, um temporär Strom zu speichern.

Eine vollständige Selbstversorgung mit Strom ist unnötig, wie wir gesehen haben. Trotzdem tut die Schweiz gut daran, auch künftig einen grossen Teil der Elektrizität, die sie verbraucht, selber zu produzieren. Die Stromversorgung ist so sicherer, und es muss kein teurer Strom während der Spitzenverbrauchszeiten importiert werden. Netzverluste beim Transport des Stroms entfallen ebenfalls. Ausserdem kann die Schweiz weiterhin Strom exportieren, wenn im Ausland der Verbrauch hoch oder die Produktion aus erneuerbaren Energien niedrig ist. Bei uns müssen die verschiedenen erneuerbaren Energiequellen so miteinander kombiniert werden, dass ein gewisses Gleichgewicht zwischen den Jahreszeiten vorherrscht. Glücklicherweise ergänzen sich Sonnen- und Windenergie. Wenn es windstill ist, scheint die Sonne im Allgemeinen stark, und umgekehrt. Die Fotovoltaik produziert zudem tagsüber Strom, wenn der Verbrauch am höchsten ist. Wichtig ist, dass auch im Winter genügend Strom vorhanden ist, wenn die Produktion aus Wasserkraft und Fotovoltaik zurückgeht. Hier kann die Windenergie ihre Trümpfe ausspielen, denn sie produziert dann tendenziell mehr Strom. Anlagen, in denen Biomasse im Rohzustand oder in Gasform gespeichert werden kann, tragen ebenfalls dazu bei, die Stromproduktion auszugleichen.

Einige Hinweise zu den Kosten

Vergleicht man die Preise der neuen erneuerbaren Energien mit jenen der amortisierten Kernkraftwerke, so schneiden letztere besser ab. Doch ein solcher Vergleich hinkt: Die meisten europäischen Länder haben nämlich seit dreissig Jahren nicht mehr gross in ihre Stromproduktion investiert. Eine Ausnahme bilden erneuerbare Energien in Ländern wie Deutschland oder Spanien. Wir profitieren also derzeit von den äusserst tiefen Kosten unserer amortisierten Kraftwerke. In Zukunft werden wir jedoch so oder so einen Grossteil unserer Stromproduktion erneuern müssen. Korrekt wäre es daher, die Kosten neuer Anlagen für erneuerbare Energien mit jenen für neue Kernkraftwerke zu vergleichen. Weil wir die Produktionskapazität unserer heutigen Kernkraftwerke auf die eine oder andere Weise ersetzen müssen, werden auch unweigerlich die Energiepreise steigen. Denn es müssen nominell höhere Investitionen amortisiert werden. Verstärkt wird dies durch die Entwicklung des Gaspreises.

45   Die Selbstkosten neuer Anlagen zur Produktion erneuerbarer Energien gemäss der Infras/TNC-Studie[171]

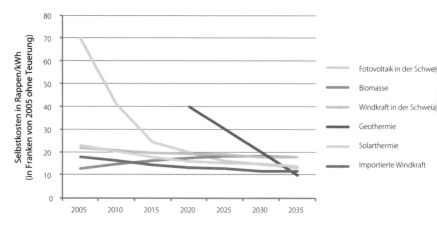

In bereinigten Franken werden sich die Selbstkosten neuer Anlagen für erneuerbare Energien zwischen rund 12 und 18 Rappen pro kWh einpendeln. Die Preise für neue Wasserkraft liegen eher im oberen Bereich dieser Bandbreite.

Die Infras/TNC-Studie hat die künftigen Kosten erneuerbarer Energien untersucht und dazu verschiedene Analysen zusammengetragen. Sie prognostiziert, dass der Selbstkostenpreis für erneuerbare Energien bis 2035 auf 12 bis 18 Rappen pro kWh sinkt (in Franken von 2005). Strom aus erneuerbaren Energien würde somit gegenüber Erdgas konkurrenzfähig. Erdgas-Strom kostet heute 11 Rappen pro kWh. Bis 2035 dürften es aber rund 20 Rappen sein, weil der Erdgaspreis wie auch die Kosten der CO_2-Emissionen steigen.

Die Schätzungen über die Kosten der Nuklearenergie gehen sehr weit auseinander. Denn selbst bei den bestehenden Schweizer Kernkraftwerken fehlt die notwendige Transparenz. Im Falle des Kernkraftwerks Gösgen, das 1979 ans Netz ging und weitgehend amortisiert ist, beziffern die Betreiber die derzeitigen Selbstkosten

---

171 Quelle: Infras/TNC, 2010, S. 164.

auf 3,64 Rappen pro kWh.[172] Die Weinmann-Studie[173], welche von einer beachtlichen Lebensdauer von sechzig Jahren ausgeht, kommt dagegen auf 6,67 Rappen. Die Betreiber des Kernkraftwerks Leibstadt sprechen von Selbstkosten in der Höhe von 5,09 Rappen pro kWh, während Weinmann hier auf 9,04 Rappen kommt. All diese Zahlen berücksichtigen jedoch nicht die sogenannten externen Kosten. Gemeint sind damit die Kosten, die im Verlauf der gesamten Produktionskette der Kernkraft für die Umweltschäden und die Auswirkungen auf die Bevölkerung anfallen. Gemäss Weinmann schwanken die Schätzungen der externen Kosten der Kernkraft zwischen 5 Rappen und 3.80 Franken pro kWh. Letzterer Betrag ergibt sich aus einem Grossunfall.

Die Stromkonzerne, welche neue Kernkraftwerke bauen wollen, schätzen die Selbstkosten dafür im Jahr 2035 auf rund 5 Rappen pro kWh.[174] Die Infras/TNC-Studie kommt hingegen auf 9,7 Rappen.[175] Diese Unterschiede rühren daher, dass die Baukosten sehr verschieden veranschlagt werden. Swisselectric, der Dachverband der Stromkonzerne, spricht von Kosten in der Höhe von 5 bis 6 Milliarden Franken für einen Druckwasserreaktor mit einer Leistung von 1600 MW, wie ihn der französische Konzern Areva in Finnland baut.[176] Diese Schätzung ist jedoch völlig unrealistisch, da besagter Reaktor selbst laut der Areva auf mindestens 5 bis 6 Milliarden Euro (und nicht Franken) zu stehen kommt.[177] Auch der französische Stromkonzern EDF (Electricité de France) musste eingestehen, dass die Ausgaben für den Bau des geplanten Druckwasserreaktors in Flamanville am Ärmelkanal in die Höhe geschnellt seien. Hier stiegen die Kosten ebenfalls über die Marke von 5 Mil-

172 Schweizerische Eidgenossenschaft, Realkosten der Atomenergie, 2008.
173 Weinmann-Energies SA, 2009.
174 Quelle: Schweizerische Eidgenossenschaft, Realkosten der Atomenergie, 2008, S. 13, und www.kernenergie.ch/de/atomstrom-wirtschaft.html.
175 Infras/TNC, 2010, S. 72.
176 Swisselectric, 22.3.2007.
177 La Tribune, 1.9.2009, und Totz, S., 1.9.2009.

liarden Euro. Die französische Website Mediapart kommt deshalb zum Schluss, dass die Kilowattstunde Strom mit dem geplanten neuen Reaktor in Flamanville auf umgerechnet rund 10 Rappen zu stehen kommt.[178] Infras/TNC schätzen ihrerseits, dass die Baukosten eines derartigen Reaktors 13,5 Milliarden Franken betragen, wenn dieser 2030 seinen Betrieb aufnimmt.[179] Infras/TNC wie auch Weinmann-Energies heben in ihren Studien hervor, dass die Kernkraft indirekt stark vom Staat unterstützt wird. So sind die nuklearen Abfälle Sache des Staates, sobald sie entsorgt sind. Auch die Folgen eines Grossunfalls müsste die öffentliche Hand berappen, da die Kernkraftwerkbetreiber nur Kosten bis zu einer Höhe von 2 Milliarden Franken versichern müssen.

Unabhängig von diesen Ungewissheiten und Divergenzen darf der Preis pro Kilowattstunde Strom nicht das einzige Kriterium bleiben. Es wäre absolut gerechtfertigt, wenn wir etwas mehr bezahlen, dafür aber auch über eine saubere und sichere Energieversorgung ohne fossile Energie und Kernkraftwerke verfügen. Den Hausbesitzern werden Isolationsvorschriften auferlegt und den Automobilherstellern Abgasnormen. Mit welcher Berechtigung können die Stromkonzerne uns da eine Strategie aufzwingen wollen, die auf scheinbar günstiger Kohle- und Kernenergie basiert, deren Nachteile und Risiken aber inakzeptabel sind?

Darüber hinaus zeigen die Studien Weinmann-Energies und TNC/Infras sehr deutlich, dass es am rentabelsten ist, in Stromeinsparungen und Effizienzgewinne zu investieren. Das von mir vorgeschlagene Szenario – Effizienzgewinne und eine hundertprozentig erneuerbare Stromproduktion – ist deshalb weitaus gewinnversprechender als eine Strategie, die von einem Wachstum des Stromverbrauchs und dem Bau grosser Kraftwerke ausgeht.[180]

---

178 Orange, M., 30.7.2010.
179 Infras/TNC, 2010, S. 66.
180 Siehe Infras/TNC, 2010, S. 28 und 29.

Die elektrische Revolution

Zentral für das Gelingen einer energiepolitischen Revolution ist zweifellos eine Stromproduktion, die nur noch auf erneuerbaren Energien basiert. Dabei geht es jedoch nicht nur um den eigentlichen Stromsektor, sondern auch um die Mobilität und die Gebäude, die derzeit immer noch von fossilen Energien abhängen.

Der technische Fortschritt, der in den letzten zwanzig Jahren bei der Sonnen- und Windenergie erzielt wurde, macht eine Umstrukturierung möglich, die früher undenkbar schien. Hinzu kommt, dass grosse Fortschritte bei der Energieeffizienz erzielt wurden. Neben den Kilowattstunden, die mit erneuerbaren Energien produziert werden, können wir aber auch «Negawattstunden» einsparen. So wird jener Strom bezeichnet, der nicht produziert werden muss, weil die Energieverschwendung reduziert werden konnte.

Es ist von grundlegender Wichtigkeit, dass die notwendig gewordene Erneuerung der Stromproduktion in die richtigen Bahnen gelenkt wird. In zahlreichen Ländern war es das System der Einspeisevergütung, das den Ausbau und den Fortschritt der erneuerbaren Energien vorangetrieben hat. Die Einspeisevergütung muss deshalb ausgebaut werden. Sie erlaubt es privaten Investoren wie der öffentlichen Hand, ihren Beitrag zu leisten und eine Garantie zu haben, dass ihr Strom auch Absatz findet. Wirtschaftlich betrachtet bedeutet die Einspeisevergütung nichts anderes, als dass sämtliche Stromkonsumentinnen und -konsumenten solidarisch dazu beitragen, dass die Stromproduktion erneuert wird. In der jüngeren Geschichte gab es unter der damaligen Vorherrschaft des Monopols bereits zweimal vergleichbare kollektive Anstrengungen: Die amortisierten Flusskraftwerke dienten dazu, die Stauseen zu finanzieren, und diese wiederum erlaubten es später, Kernkraftwerke zu bauen.

Über die kostendeckende Einspeisevergütung hinaus müssen auch die Stromkonzerne, welche mehrheitlich der öffentlichen Hand gehören, in die Pflicht genommen werden. Sie müssen dazu angehalten werden, ihre enormen Gewinne im grossen Massstab in erneuerbare Energien zu investieren. Dies wäre weitaus sinnvoller, als dieses Geld anzuhäufen, um die Mehrkosten für neue Kernkraftwerke zu tilgen, wie es die Stromkonzerne heute tun.

Gewisse Instanzen der öffentlichen Hand, insbesondere Städte, haben ihre Energiedienste bereits angewiesen, in erneuerbare Energien und Energieeffizienz zu investieren. Andere Konzerne dagegen dürfen weiterhin machen, was sie wollen, obwohl sie sich mehrheitlich in öffentlichem Besitz befinden. Diese Unternehmen führen sich wie ein Staat im Staat auf. Gewisse Stromkonzerne sind so unbesonnen, dass sie sich überlegen, in deutsche oder italienische Kohlekraftwerke zu investieren. Dass solche Investitionen unrentabel sein werden, weil auch im Ausland eine Verteuerung der CO_2-Emissionen aufgegleist wird, ist wohl nicht Teil ihrer Überlegungen. Andere Stromkonzerne setzen mit derselben Verbissenheit einzig und allein auf die Kernkraft, obwohl kein privater Investor in einem derart risikobelasteten Bereich sein Geld anlegen würde. Das Beispiel der zwei einzigen Kernkraftwerke, die in Europa derzeit im Bau sind, zeigt dies deutlich. In beiden Fällen stammt das Geld nämlich vom Staat: In Frankreich ist es der staatliche Konzern EDF, der Geld in neue Kernkraftwerke steckt, das neue finnische Kernkraftwerk wird dank einer Staatsgarantie erstellt, die Frankreich dem Erbauer Areva gab.

Aus diesem Grund fordern manche Kernkraftgegner, den Energiesektor zu privatisieren. Sie erhoffen sich davon, dass die Aktionäre und Geldgeber die Kernkraft fallen lassen, weil sie mit zu vielen Risiken behaftet ist. Die Überlegung hat etwas für sich, doch es könnte auch dazu führen, dass sich die Lage verschärft. Es besteht nämlich die Gefahr, dass ein privatisierter Energiesektor sich auf kurzfristige Gewinne ausrichtet. Die Unternehmen würden dann darauf fokussieren, die bestehenden Anlagen so wenig wie nötig zu unterhalten und ansonsten auf Kohle und Erdgas zu setzen. Für die Verfechter der kurzfristigen Gewinnmaximierung ist es weitaus interessanter, von der bestehenden Substanz zu zehren, als die Produktion zu modernisieren. Zudem könnte einem privatisierten Energiesektor, den sich wie heute einige wenige Konzerne aufteilen, eine Stromknappheit gelegen kommen – sie würde nämlich die Preise und damit die Gewinnmargen nach oben treiben.

Der Staat muss vielmehr die Energieproduktion wieder in die Hand nehmen, statt sie zu privatisieren. Den Stromkonzernen, die sich einer Erneuerung widersetzen, muss ein Verhalten auferlegt werden, das sich klar am Service public, dem öffentlichen Dienst, ausrichtet. Je mehr wir uns von den fossilen Energien lösen, desto wichtiger wird der Stromsektor. Ein Bereich, der strategisch derart bedeutsam ist, darf deshalb nicht in private Hände gelangen. Dies umso mehr, als die Stromnetze ein natürliches Monopol darstellen. Durch eine Privatisierung würde es der Logik des kurzfristigen Profits preisgegeben.

Der Bund fördert nicht nur die erneuerbaren Energien. Er hat auch die nationale Netzgesellschaft Swissgrid[181] ins Leben gerufen. Sie ist eine Aktiengesellschaft der öffentlichen Hand. So ist sichergestellt, dass das Hochspannungsnetz nicht in Privatbesitz übergeht. Swissgrid obliegt es auch, die kostendeckende Einspeisevergütung für erneuerbare Energien abzuwickeln. Fast der gesamte Schweizer Stromsektor wird also von der öffentlichen Hand kontrolliert. Diese Chance gilt es zu nutzen. Die Kantone und Gemeinden, welche dies noch nicht getan haben, müssen als Nächstes für ihre Stromkonzerne eine klare Aktionärsstrategie ausarbeiten. Wie können es die Wählerinnen und Wähler der Kantone, die Mehrheitsaktionäre bei der Axpo, der Alpiq oder der BKW sind, tolerieren, dass diese Unternehmen erneuerbare Energien lediglich als Dekoration auf dem nuklearen und fossilen Kuchen betrachten? Es ist endlich an der Zeit, dass der Stromsektor zu einem wahren Service public wird. Die Kantone und Gemeinden dürfen sich nicht darauf beschränken, lediglich die Aktien der Stromkonzerne zu verwalten.

---

181 www.swissgrid.ch, nicht zu verwechseln mit Smartgrid (s. Kasten, S. 195) und dem Supergrid (s. Abb. 27, S. 105).

Darüber hinaus müssen erneuerbare Energien und Stromleitungen im Raumplanungsrecht gestärkt werden. Genau dies ist in Deutschland geschehen. Bei uns dagegen ist es heute viel zu einfach, wohlüberlegte Projekte aus subjektiven Gründen zu blockieren und sich dabei hinter einer veralteten Vorstellung davon, wie Landschaft auszusehen hat, zu verstecken. Die Landschaft wurde immer schon von Menschen geprägt – von den Rodungen im Mittelalter bis hin zum Bau von Starkstromleitungen in unserer Zeit. Sinnvoll wäre es, die verschiedenen Anliegen gegeneinander abzuwägen. Bei der Erneuerung des Starkstromnetzes könnten beispielsweise mehrere alte durch eine neue und leistungsstärkere Leitung ersetzt werden. Die Landschaft würde dadurch gewinnen. Umgekehrt könnte der Bau von Windkraftanlagen erleichtert werden – auch in Wäldern, wo die Turbinen wegen ihrer grossen Höhe kaum Probleme bereiten.

Der zeitliche Horizont der Umstrukturierung des Stromsektors ist durch die Lebenserwartung unserer Kernkraftwerke vorgegeben: Er erstreckt sich über die Periode zwischen 2015 und 2040. Dies gibt uns genügend Zeit, um die erneuerbaren Energien nach und nach auszubauen. Im Verlauf dieses Umbaus wird sich der Strommix allmählich anpassen. Dabei wird sowohl auf das Potenzial und die Preise wie auch auf die täglichen und saisonalen Schwankungen Rücksicht genommen.

Diese tiefgreifende Erneuerung der Stromversorgung wäre die Fortsetzung einer langen Schweizer Tradition. Wir verfügen heute über Technologien, die es uns erlauben, die Energie von Wind, Sonne und Biomasse genauso zu nutzen, wie wir dies seit Jahrzehnten mit der Wasserkraft tun. Es wäre bedauerlich, würde man darauf verzichten. Diese elektrische Revolution zielt darauf ab, jene Primärenergien zu nutzen, die uns kostenlos zur Verfügung stehen. Entgegen dem, was wir in der Schule gelernt haben, ist das Wasser nämlich nicht die einzige natürliche Ressource der Schweiz.

Das Wichtigste in Kürze

Folgende Massnahmen müssen ab sofort bei der Stromproduktion ergriffen werden:

- Wirtschaftlich wie ökologisch ist es unbedingt notwendig, dass wir den Strom effizienter einsetzen.
- Bis etwa 2030 müssen wir unseren Stromverbrauch gänzlich mit erneuerbaren Energien decken. Dies ist zu Preisen möglich, die mit jenen für Atom- und Erdgasstrom vergleichbar sind.
- Die ganzjährige und stabile Stromversorgung muss sichergestellt werden. Möglich wird das durch die Verbindung mit dem europäischen Stromnetz und die in den Stauseen gespeicherte Energie.
- Es müssen auf alle Fälle grosse Investitionen in die Stromproduktion und den Stromtransport getätigt werden, denn die Kernkraftwerke gelangen ans Ende ihrer Lebensdauer, und das Leitungsnetz ist veraltet.
- Die Schweiz soll in die einheimische Energie investieren wie dereinst in die Wasserkraft. Die Politik muss die Rahmenbedingungen schaffen, um solche Investitionen zu fördern.
- Unentschlossenheit wäre fatal. Dies würde bedeuten, dass die Schweiz «dreckigen» Strom aus dem Ausland importieren müsste.

Schlusswort:
Das allgemeine Interesse
wieder ins Zentrum stellen

Aus energie- und klimapolitischer Sicht machen die drei in diesem
Buch skizzierten Projekte sofort Sinn. Sie würden es der Schweizer
Bevölkerung erlauben, zu einem wesentlichen Teil auf erneuerbare
Energien umzusteigen. Die Umweltbelastung würde dadurch dras-
tisch sinken. Doch es gäbe noch mehr Vorteile.

Die Energiewende als Wirtschaftsmotor

Während Jahrzehnten stellte sich die Politik bloss die Frage, wie viel
Umweltschutz für die Wirtschaft erträglich sei und auf welchen
Komfort die Bevölkerung bereit sei zu verzichten. Die öffentliche
Diskussion war stark von dieser Geisteshaltung geprägt. In der
Hochkonjunktur wurde die Umwelt besser geschützt. Ging es der
Wirtschaft dagegen schlechter, stagnierte der Umweltschutz, oder er
wurde als überflüssiger Luxus gekürzt. Besonders auffällig war dieses
Phänomen in den 1990er-Jahren, als die Schweiz unter der ge-
dämpften wirtschaftlichen Stimmung litt. Während dieser Zeit hol-
ten die Länder der Europäischen Union die Schweiz in puncto Umweltschutz ein.

Derzeit vollzieht sich jedoch ein rascher Paradigmenwechsel. Sir
Nicholas Stern gab den Anstoss dazu, das alte Schwarz-Weiss-
Schema zu überdenken.[182] Dank seines Berichts weiss man heute,
dass der Kampf gegen die Klimaerwärmung nicht im Widerspruch

---

182 Siehe Fussnote 35, S.51.

zum Erhalt des Wohlstands steht. Im Gegenteil: Wirksame Massnahmen gegen die Klimaerwärmung kommen uns billiger zu stehen, als den Klimawandel tatenlos über uns ergehen zu lassen. Ein
entscheidender Faktor in dieser Rechnung sind die Kosten, die wir
einsparen, wenn wir keine fossilen Energien mehr einkaufen müssen. Mit seinem Bericht erschütterte Stern die vorherrschenden
Sichtweisen: Schon rein finanziell ist es also vorteilhafter, etwas gegen den Klimawandel und den drohenden Engpass im Energiebereich zu tun, als die Hände in den Schoss zu legen. In Sachen Wohlstand und Gerechtigkeit steht dabei vieles auf dem Spiel. Denn jene
Bevölkerungsgruppen, die bereits heute schlecht gestellt sind, würden unter einem Anstieg der Energiepreise besonders leiden (s. Abbildung 10, S. 37).

Die Rentabilität einer energie- und klimapolitischen Wende in der Schweiz

Eine Studie von McKinsey[183] hat untersucht, wie rentabel es ist, die
Treibhausgasemissionen in der Schweiz zu reduzieren. Sie berücksichtigt dabei nur das technische Potenzial bei den Gebäuden, im
Verkehr und bei der Stromproduktion. Neue Verhaltensweisen – beispielsweise öfter den öffentlichen Verkehr statt das Auto zu benutzen – spielen in der Studie keine Rolle. Sie beziffert die Kosten, welche notwendig sind, um die Treibhausgasemissionen zu senken, und
die Nettoeinsparung, die sich daraus ergibt. Dabei zeigt sich, dass
eine energie- und klimapolitische Wende selbst dann interessant ist,
wenn der Erdölpreis relativ tief bleibt. Steigt dieser aber beispielsweise auf 100 Dollar, wird eine Wende hin zu erneuerbaren Energien
ausserordentlich rentabel.
Die folgende Tabelle fasst die Ergebnisse der Studie zusammen. Mit
den darin dargelegten Massnahmen und dem zusätzlichen Potenzial in der Landwirtschaft und der Zementindustrie wird eine Reduk-

183 Ziegler, M., und Bättig, R., 2009.

46   Potenzial der rentablen CO$_2$-Emissionen

	Barrel Öl zu 52 US-$	Barrel Öl zu 100 US-$
Direkt rentable Reduktionen Reduktionen, die nichts kosten (= Nettoeinsparung): in Millionen Tonnen CO$_2$-Äquivalente	8,3	19,6
Günstige Reduktionen Reduktionen, deren Vermeidungskosten zwischen 0 und 15 Franken pro Tonne CO$_2$ liegen: in Millionen Tonnen CO$_2$-Äquivalente	6,7	0,6
Teurere Reduktionen Reduktionen, deren Vermeidungskosten zwischen 15 und 150 Franken pro Tonne CO$_2$ liegen: in Millionen Tonnen CO$_2$-Äquivalente	5,9	2,4
Gesamte Reduktion der Treibhausgas-Emissionen in der Schweiz gegenüber 2007	34 %	37 %
Brutto-Investitionen in Milliarden Franken, um bis 2030 sämtliche Massnahmen umzusetzen, die weniger als 150 Franken pro Tonne CO$_2$ kosten	57	72
Jährliche Nettoeinsparungen in Millionen Franken total (Energieersparnis abzüglich der Investitionen)	110	900

Die Tabelle zeigt, wie viele Millionen Tonnen an CO$_2$-Emissionen rentabel vermieden werden können. Ein Beispiel, wie die Tabelle zu lesen ist: Bei einem Ölpreis von 52 US-Dollar pro Barrel können 6,7 Millionen Tonnen CO$_2$-Emissionen vermieden werden, deren Kosten sich auf 0 bis 15 Franken pro Tonne belaufen. Weiter sind in diesem Szenario bis 2030 Gesamtinvestitionen in der Höhe von 57 Milliarden Franken notwendig, und die Nettoeinsparungen belaufen sich auf 110 Millionen Franken jährlich.

tion der Treibhausgasemissionen um rund 40 Prozent bis 2030 nicht nur realistisch, sie wird ausserdem ein finanziell sehr lohnendes Unterfangen. Zur Erinnerung: Das in diesem Buch geschilderte Szena-

rio geht davon aus, dass der Verbrauch fossiler Energien bis 2030 sogar um die Hälfte gesenkt werden kann. Zur Tabelle sei angemerkt,
dass das Szenario mit einem Ölpreis von 100 Dollar pro Fass eine Variante mit dem Ausstieg aus der Kernenergie enthält. In diesem Fall
läge das rentable Reduktionspotenzial laut der Studie bei 34 statt
37 Prozent. Die Kernenergie ist also gar nicht entscheidend für die
Senkung der Treibhausgasemissionen.

Die Fortschritte bei den erneuerbaren Energien und die Effizienzgewinne fielen mit der Finanz- und Wirtschaftskrise zusammen. Dies
bewirkt jetzt einen zweiten Paradigmenwechsel, der das Umdenken
in Energiefragen weiter beschleunigen könnte. Vielerorts wird man
sich klar darüber, dass die Investitionen, welche für eine energiepolitische Wende notwendig sind, die Wirtschaft in den nächsten
fünfzig Jahren antreiben könnten. Dabei würde auch eine Vielzahl
von Arbeitsplätzen geschaffen.

Ein Grossteil dieser neuen Arbeitsplätze entstünde in der Schweiz,
da der Bau von Infrastrukturen nicht ins Ausland verlagert werden
kann. Sicherlich müssen gewisse Komponenten im Ausland bestellt
werden. Doch wenn wir in der Energie- und Klimapolitik als Pioniere vorangehen, werden wir auch mindestens so viele, wenn nicht
mehr Exporte verbuchen können. Das Beispiel der Schweizer Solarbranche illustriert dies eindrücklich: Deren Exporte beliefen sich im
Jahr 2009 auf rund anderthalb Milliarden Franken.[184] Eine Studie,
die vom Bundesamt für Energie in Auftrag gegeben wurde, geht davon aus, dass durch die Schweizer Klima- und Energiepolitik bis
2020 rund 27 000 Arbeitsplätze geschaffen werden (siehe folgenden
Kasten). Diese Arbeitsplätze verschiedenster Qualifikationsstufen erhöhen die Lohnsumme, was nach wie vor die beste Garantie für ei-

---

184 Der Umsatz der Solarbranche betrug im Jahr 2009 rund 2 Milliarden Franken. Angaben gemäss Ziegler, M., und Bättig, R., 2010, S. 50.

nen allgemeinen Wohlstand ist. Denn wenn jeder Einzelne die Möglichkeit besitzt, seinen Lebensunterhalt zu bestreiten, trägt dies mit dazu bei, dass die Reichtümer eines Landes gerechter verteilt werden.

Die politischen Entscheide der letzten Zeit schaffen 27 000 Arbeitsplätze (Nettoeffekt bis 2020)

Das Bundesamt für Energie gab bei McKinsey eine Studie in Auftrag, die untersuchte, wie viele Arbeitsplätze durch die energiepolitischen Massnahmen der jüngsten Zeit geschaffen werden.[185] Darin sind auch jene Arbeitsplätze berücksichtigt, die in Folge dieses Wandels gestrichen werden. Untersucht wurden die Auswirkungen der 2008 und 2009 beschlossenen oder in Kraft gesetzten Massnahmen. Diese wurden mit der Politik verglichen, die bis 2005 verfolgt worden war. Die wichtigsten Unterschiede sind die Einführung der CO_2-Abgabe auf Heizöl, der Start des nationalen Gebäudeprogramms, die Verschärfung der Normen für den Häuserbau und die Verschärfung der Effizienzvorschriften im Bereich der Elektrizität. Die Studie berücksichtigt weder andere Massnahmen noch die Verschärfung bestehender Massnahmen, wie sie in diesem Buch vorgeschlagen werden. Auch Veränderungen im Lebensstil der Menschen werden nicht einbezogen. Die Studie beschränkt sich ganz auf die wirtschaftlichen Auswirkungen. Sie wählt dabei einen sehr restriktiven Ansatz und schliesst all jene privaten oder öffentlichen Investitionen aus, die mit einer zusätzlichen Verschuldung verbunden sind.

Zurzeit liegen noch keine Zahlen dazu vor, wie viele Arbeitsplätze geschaffen werden könnten, wenn die energiepolitischen Massnahmen so ausgeweitet würden, wie hier gefordert wird. Doch wenn das derzeitige Energieprogramm – welches viel zu wenig weit geht – nur schon 27 000 Stellen schafft, kann man davon ausgehen, dass mit einer ehrgeizigeren Politik problemlos 100 000 neue Stellen hervorgebracht werden könnten.

---

185 Ziegler, M., und Bättig, R., 2010. Siehe insbesondere Seite 7 und 24.

Eine gewisse Vorsicht ist bei solchen Prognosen jedoch geboten, unabhängig davon, in welche Richtung sie zielen, da es noch sehr ungewiss ist, wie sich unsere Welt bis 2020 oder 2030 entwickeln wird. Allein schon die Entwicklung des Erdölpreises, der im Energiebereich eine entscheidende Rolle spielt, ist bislang noch recht unklar.

47 Die Auswirkungen der derzeitigen Politik auf den Arbeitsmarkt

Umsetzung von Massnahmen in der Schweiz		Beteiligung der Schweizer Firmen am weltweiten Markt für Energieeffizienz und erneuerbare Energien	
Bereich	Arbeits-stellen bis 2020		Umsatz und Zahl der Arbeitsstellen bis 2020
Gebäude-sanierung	+17 000	Umsatz	22 Milliarden Franken
Erneuerbare Energien	+7000	In Schweizer Unternehmen (in der Schweiz und im Ausland)	48 000 Arbeitsplätze
Verkehr	+1000	Davon Arbeitsplätze in der Schweiz	16 000 Arbeitsplätze
Wirtschaft und Finan-zierung der Massnahmen	−14 000		
Arbeitsplätze netto in der Schweiz bis 2020	**11 000**	**Arbeitsplätze netto in der Schweiz bis 2020**	**16 000**
Total der Arbeitsplätze in der Schweiz		**27 000**	

Dem Marktversagen entgegenwirken

Eine Frage ist bisher unbeantwortet geblieben: Obwohl eine deutliche Reduktion der CO_2-Emissionen offensichtlich sehr rentabel wäre, ist bisher wenig dafür getan worden. Weshalb also setzen die Marktakteure in diesem Bereich viel zu wenig um?

Der Stern-Bericht und der erste McKinsey-Bericht erklären dies damit, dass der Markt gleich mehrfach versagt:

- Die Unternehmen sowie die Konsumentinnen und Konsumenten wissen zu wenig, welche Fortschritte im Bereich der erneuerbaren Energien erzielt wurden. Und wenn sie darüber Bescheid wissen, fehlt ihnen manchmal das Vertrauen in die neuen Errungenschaften. Angesichts der vielen Entscheidungen, die zu treffen sind, werden zudem auch gutwillige Konsumentinnen und Konsumenten rasch von der Entwicklung der Technik überholt. Und schliesslich gibt es natürlich auch Leute, denen solche Fragen gleichgültig sind. Sie sind nicht nur bereit, Energie zu verschwenden, sondern auch Geld, indem sie beispielsweise Autos kaufen, die viel Benzin verbrauchen. Das wirtschaftswissenschaftliche Modell des Homo oeconomicus, des Nutzenmaximierers, erklärt eben doch nicht alles.

- Oft denken die Betroffenen zu kurzfristig. Ganz sicher ist dies der Fall im Immobiliensektor. Die Besitzer berücksichtigen nicht die ganze Zeitspanne, während der sie eigentlich durch Sanierungen ihrer Häuser Geld einsparen könnten. Doch auch in anderen Bereichen ist dasselbe Phänomen zu beobachten: Manche Leute werden vom Preis für Energiesparbirnen abgeschreckt. Sie kaufen stattdessen konventionelle Birnen, führen sich aber nicht vor Augen, dass diese schneller kaputtgehen, mehr Strom verbrauchen und deshalb letzten Endes teurer zu stehen kommen.

- Der Mensch scheut das Risiko und hat Mühe, Veränderungen vorwegzunehmen. Verstärkt wird dies derzeit noch durch einen Mangel an Information. So geht eine Mehrheit der Hausbesitzer

davon aus, dass der Preis des Heizöls stabil bleibt. Dieselbe
Angst vor Veränderungen führt dazu, dass sich technische Innovationen nur langsam verbreiten.

- Oft ist es auch schwierig, Geld zu finden, um Innovationen zu
finanzieren. Denn jene Leute, die Geld anlegen können, wollen
das Risiko minimieren. Es liegt in der Natur der Sache, dass Veränderungen des Umfelds und Paradigmenwechsel Verunsiche-
rung auslösen.

- Jene Leute, die die steigenden Energiekosten zu spüren bekommen, sind nicht zwangsläufig dieselben Leute, die über Investitionen entscheiden. Ein typisches Beispiel dafür ist das Dilemma von Mieter und Vermieter (vgl. dazu die Seiten 156 ff.).

- Der Markt widerspiegelt einen wichtigen Teil der Kosten nicht,
die aus dem Gebrauch fossiler Energien entstehen – nämlich die
sogenannten externen Kosten für Schäden an der Umwelt und
die Kosten für die Beeinträchtigung des öffentlichen Lebens-
raums. Wer beispielsweise Erdöl verbrennt, zahlt den Einkaufspreis für den Rohstoff. Er beteiligt sich aber nicht an der Repa-
ration der Schäden, die dadurch der Gesellschaft entstehen.
Dazu gehören etwa die Klimaerwärmung, die Luftverschmut-
zung oder der Lärm. Würde der Erdölpreis die externen Kosten
beinhalten, läge er bedeutend höher als heute, und der Verbrauch sänke. Verschiedene Anreizsysteme wie die CO_2-Abgabe
in der Schweiz oder die Emissionszertifikate in der EU zielen
darauf ab, die externen Kosten vermehrt in den Preis zu integrieren. So soll korrigiert werden, was die Ökonomen ein «Marktversagen» nennen.

Sowohl der Stern-Bericht wie auch jener von McKinsey fordern,
dass der Staat in dieser Situation interveniert und das Marktversagen korrigiert. Dort, wo der Markt und das Laisser-faire zu schlech-
ten Ergebnissen führen, muss die Politik eingreifen und den richtigen Weg vorspuren. Damit unsere Wirtschaft und unsere Gesellschaft
wirklich vom Potenzial einer Emissionssenkung profitieren, müssen

sämtliche Massnahmen für eine gute Klima- und Energiepolitik umgesetzt werden: Information, Vorschriften, finanzielle Anreize, kostendeckende Einspeisevergütung, Investitionen, Förderung der Forschung etc. Genau darauf zielen auch die drei Projekte ab, die in diesem Buch vorgestellt werden. Von ihrer Realisierung würde die gesamte Schweizer Bevölkerung profitieren.

Die Zukunft wagen

Die genannten Projekte umzusetzen, ist gleichbedeutend mit entscheiden, handeln und investieren. Bevor dies aber möglich wird, muss ein klarer Wille ausgesprochen werden, die Dinge zu verändern. Und genau hier liegt das Problem. Unsere Gesellschaft ist bis ins Innerste von der schädlichen Ideologie durchdrungen, wonach der freie Markt in jedem Fall zum bestmöglichen Resultat führt. Die jüngste Finanz- und Wirtschaftskrise hat indes gezeigt, wie absurd dies ist. Die Ideologie des freien Marktes sträubt sich gegen jegliches kollektive Handeln, erst recht, wenn es Geld kostet oder darauf abzielt, das Handeln des Einzelnen zu verändern. In der Schweiz haben insbesondere die Banken diese Haltung eisern vertreten, was sich deshalb auch entsprechend lähmend ausgewirkt hat.

Die Schweiz muss endlich ihre Onkel-Dagobert-Mentalität überwinden, die häufig immer noch vorherrscht. Eine alternde Gesellschaft mag wie Donald Ducks Erbonkel ein narzisstisches Vergnügen daran finden, in einem prallvollen Geldspeicher zu schwimmen. Doch damit wird das Land um sinnvolle und zukunfsträchtige Projekte gebracht. Stetiges Sparen führt zur Verarmung. Wer kein Geld für Investitionen ausgibt, kann auch nicht die Grundlagen für künftigen Wohlstand legen.

Ein Blick in die Vergangenheit würde dabei manch einem gut tun. Unsere Vorfahren nahmen herkulische Anstrengungen auf sich, um ihren Lebensstandard zu verbessern. Sie bauten das Eisenbahnnetz, die Autobahnen, die elektrischen Infrastrukturen und auch das gesamte Abwassersystem – lauter Dinge, von denen wir heute profitieren. Man stelle sich nur einmal vor, dass am Ende des 19. Jahrhunderts zwischen Château-d'Œx in den Waadtländer Alpen und Lausanne mit der Spitzhacke eine Wasserversorgungsleitung gebohrt wurde. Die Verfechter der kleinkrämerischen Budgetrestriktionen können sich heute sicherlich nicht mehr vorstellen, dass dieselbe Stadt Lausanne kurz nach dem Ende des Zweiten Weltkriegs beschloss, eine Summe in den Bau des Staudamms von Lavey zu investieren, die mehr als doppelt so gross war wie ihr damaliges Jahresbudget. Unsere Vorfahren hatten begriffen, dass gewisse Ausgaben Gewinn bringen, während Einsparungen manchmal teuer zu stehen kommen.

Die öffentliche Hand und die Privaten, die sich in diesen Abenteuern engagierten, waren noch «Investoren» im wahren Sinn des Wortes. Sie stellten Geld zur Verfügung, um nützliche Projekte zu realisieren. Die Entwicklung des Begriffs Investor ist sehr bezeichnend für die Übel unserer heutigen Zeit. Heutzutage wird damit nicht mehr ein Unternehmer bezeichnet, der ein Projekt plant und umsetzt. Vielmehr ist damit eine Person gemeint, die Geld besitzt und dieses anlegen will, um einen Gewinn zu erzielen. Um das Projekt, mit dem dieser Gewinn erzielt wird, kümmern sich diese Leute nicht mehr. Im schlimmsten Fall sind die «Investoren» heute Banker, die mit dem Geld spekulieren, das ihnen andere Leute anvertraut haben, und auch das, ohne sich darum zu kümmern, welcher Art die Geschäfte sind.

Es ist Zeit, dass das Pendel auf die andere Seite ausschlägt. Das allgemeine Interesse und die öffentliche Hand als dessen Verteidiger, Garant und Förderer müssen wieder ins Zentrum gerückt werden. Die Probleme, mit denen die Menschheit derzeit konfrontiert ist, lassen sich nicht bloss mit individuellen Anstrengungen lösen, auch wenn dabei noch so viel guter Wille im Spiel ist. Die Energie- und Klimaproblematik übersteigt die individuelle Dimension vollkommen. Aufgrund ihrer Grösse und ihrer Konzeption versorgen die meisten Energieinfrastrukturen eine Vielzahl von Menschen. Ob sich diese Anlagen nun also in privatem oder öffentlichem Besitz befinden – sie haben einen entschieden kollektiven Charakter. Das einzelne Individuum hat hier beim besten Willen kaum eine Chance, etwas zu verändern.

Diese Ausführungen über das allgemeine Interesse und Einzelinteressen mögen etwas theoretisch tönen. In der politischen Arena sind sie jedoch Alltag. Vorstösse im Sinne der Allgemeinheit werden laufend im Namen höchst zweifelhafter Einzelinteressen angegriffen. Dabei kann es sich durchaus um die Anliegen breiterer Bevölkerungsschichten handeln, wie dies beispielsweise beim TCS (Touring Club Schweiz) der Fall ist. Dessen Mitglieder widersetzen sich Massnahmen, welche die Verkehrsgewohnheiten der Leute ändern würden. Doch oft werden Interessen umso vehementer verteidigt, je weniger Leute davon profitieren. So nutzen die Lobbys der Erdöl- und Autoimporteure (Erdöl-Vereinigung und Auto-Schweiz) schamlos sämtliche vorstellbaren und möglichen Mittel aus, um fortschrittliche Projekte im Energie- und Klimabereich zu torpedieren. Um diesen Widerstand zu überwinden, muss Unterstützung bei jenen Organisationen und Teilen der Bevölkerung gesucht werden, die von einer energiepolitischen Wende profitieren. Eine solche realpolitische Allianz mit dem Baugewerbe und den Hausbesitzern machte es möglich, das nationale Gebäudeprogramm zu verabschieden. Wäre dieses Bündnis nicht geschmiedet worden, hätten es die Erdöl-Vereinigung und der Wirtschaftsdachverband Economiesuisse zweifellos geschafft, das Projekt zu verhindern. Doch solche pragmatischen Strategien mit wechselnden Verbündeten sind nicht immer möglich, und sie genügen auch nicht, um alle Probleme zu lösen. Deshalb ist es so wichtig, das allgemeine Interesse wieder in den politischen Mittelpunkt zu stellen.

Die Regulierung der Finanzmärkte zeigt sehr deutlich, was dabei herauskommt, wenn Einzelinteressen sich durchsetzen. Eigentlich wäre es im allgemeinen Interesse, strenge Regeln für den Finanz- und Banksektor zu erlassen, um einen erneuten Crash wie im Jahr 2008 zu vermeiden. Doch viele politische Akteure sträuben sich dagegen – und zwar ganz profan aus persönlichen Interessen. Sie wollen wie in der Vergangenheit mit Spekulationen Riesengewinne erzielen. Leider war das Lobbying dieser Gruppen weitgehend erfolgreich.

Würden die in diesem Buch skizzierten Projekte umgesetzt, trüge dies dazu bei, das Allgemeininteresse wieder hoffähig zu machen. Der Umkehrschluss stimmt auch, da diese Projekte ihre Legitimation aus dem Allgemeininteresse ziehen. Diese positive Wechselwirkung zwischen den Projekten und dem Allgemeininteresse würde wesentlich dazu beitragen, das Land aus seiner politischen Depression zu befreien, von der in der Einleitung die Rede war.

Nun können skeptische Geister einwenden, ein derart ehrgeiziges Engagement für eine energie- und klimapolitische Wende beinhalte das Risiko, völlig falsch zu liegen. Die Menschheitsgeschichte strotzt schliesslich von grossen Vorhaben, die sich als Pleiten erwiesen haben. Auf diesen legitimen Einwand möchte ich drei Antworten geben:

• Erstens wissen wir sehr genau, dass unser derzeitiger Lebensstil sich immer mehr als eine dieser ganz grossen Pleiten der Menschheitsgeschichte erweist. Es ist deshalb unbedingt notwendig, grundlegende Änderungen vorzunehmen. Wir haben gar keine andere Wahl.

• Zweitens vollzieht sich eine energiepolitische Wende nach und nach. Die Massnahmen können also im Verlauf der Zeit angepasst werden. Für ein solches Vorgehen gibt es genug erfolgreiche Beispiele aus der Vergangenheit. So wurden etwa im Hausbau ab den 1970er-Jahren erste Isolationsnormen für obligatorisch erklärt.

• Drittens wäre es nicht das erste Mal, dass sich die Menschheit innert kürzester Zeit grundlegenden Neuerungen anpasst. Erst in jüngster Vergangenheit hat sie mit Internet und Mobiltelefonie bewiesen, dass sie dies sehr gut beherrscht.

Darüber hinaus muss man sich bewusst werden, dass viele Kriege in unserer heutigen Zeit einen energie- oder umweltpolitischen Hintergrund haben. Oft geht es bei bewaffneten Konflikten unterschwellig um den Zugang zu Energiequellen oder darum, dass Bevölkerungsgruppen ums Überleben kämpfen, weil ihre Umwelt stark geschädigt ist. Eine Neuausrichtung der Energieversorgung hätte also zweifellos auch einen friedensstiftenden Effekt. Denn erneuerbare Energien sind dezentral und können in allen Ländern der Erde genutzt werden. Sie können deshalb nicht militärisch kontrolliert werden. Die Steigerung der Energieeffizienz würde ebenfalls dazu beitragen, solche Konflikte zu reduzieren.

Zweimal stürzte Europa im 20. Jahrhundert in einen Weltkrieg, weil es seine nationalistischen Konflikte nicht lösen konnte. Die ehemaligen Kriegsgegner machten sich nach 1945 daran, die Europäische Union zu gründen, damit es nicht noch einmal so weit käme. Sie taten dies, indem sie jene wirtschaftlichen Ressourcen gemeinsam nutzten, die für einen Krieg notwendig sind: Stahl, Kohle und Kernkraft. Dieser Prozess leitete eine Phase des Friedens ein, die nun schon über sechzig Jahre lang andauert.

In ähnlicher Weise könnte ein weltweites Projekt für eine energiepolitische Wende einen entscheidenden Beitrag dazu leisten, Kriege zu verhindern. Der Durst nach nicht erneuerbaren Energien und die Energieverschwendung würden zurückgehen. Ein solcher Prozess würde stark dazu beitragen, bewaffnete Konflikte zu verhindern. Eine energiepolitische Wende würde nicht nur dazu beitragen, dass der Wohlstand breiter Teile der Weltbevölkerung dauerhaft gesichert wird. Sie ist ein Friedensprojekt.

Bibliografie

Unter www.roger-nordmann.ch/livre-fossile/biblio-deutsch.html finden sich
sämtliche Links zu den hier zitierten Werken und Dokumenten.

Archer, C. L., und Jacobson, M. Z. (2005), «Evaluation of Global Wind Power»,
J. Geophys. Res., 110, D12110, doi: 10.1029/2004/D005462. www.stan-
ford.edu/group/efmh/winds/global_winds.html

Axpo, «Axpo gibt Energie. Aus erneuerbaren Quellen», 2006. www.axpo.ch/con-
tent/dam/axpo/de/Startseite/Medien/Downloads/neue_energien-de.pdf

BAFU (Bundesamt für Umwelt), «Emissionen nach CO_2-Gesetz und Kyoto-
Protokoll», 18. 6. 2010. www.bafu.admin.ch/klima/09570/09572/index.
html?lang=de

BAFU (Bundesamt für Umwelt), «Energieinhalte und CO_2-Emissionsfaktoren
von fossilen Energieträgern», 29. 3. 2007. www.bafu.admin.ch/klima/09570/
index.html?lang=de

BAFU (Bundesamt für Umwelt), «Entwicklung der Treibhausgasemissionen
seit 1990», April 2010. www.bafu.admin.ch/klima/09570/09574/index.
html?lang=de

BAG (Bundesamt für Gesundheit), «Radioaktivität und Strahlenschutz» (undatierte Broschüre). www.bag.admin.ch/themen/strahlung/00043/00061/
index.html?lang=de

BAG (Bundesamt für Gesundheit), Grundprinzipien im Strahlenschutz,
Informationsblatt, 31. 3. 2006. www.bag.admin.ch/themen/strah-
lung/00043/00061/02256/02295/index.html?lang=de

Ballif, C. (IMT/EPFL), Vortrag vor der SP Schweiz, 12. 2. 2010

Bezençon, G., Keller, L., und Soutter, C., «Evaluation de l'application de la
norme SIA 380/12001», Mandat des Kantons Waadt, August 2006. www.
vd.ch/fr/themes/environnement/energie/norme-sur-lisolation

BFE (Bundesamt für Energie), Energieeffizient Bauen und Sanieren, Informationsblatt, 23. 9. 2008. www.bfe.admin.ch/energie/00567/00569/index.
html?lang=de

BFE (Bundesamt für Energie), Informationsblatt über die Wärme-Kraft-Kopplung, 5.1.2009. www.bfe.admin.ch/themen/00490/00506/index.html?lang=de

BFE (Bundesamt für Energie), Bundesrat ebnet Weg für klimafreundliche und energieeffiziente Gebäudesanierungen, Medienmitteilung und Referat Engeler/Oberle, 5.3.2010. www.bfe.admin.ch/energie/00588/00589/00644/index.html?lang=de&msg-id=32095

BFE (Bundesamt für Energie), Schweizerische Gesamtenergiestatistik 2008, 1.8.2009. www.bfe.admin.ch/themen/00526/00541/00542/00631/index.html?lang=de&dossier_id=00763

BFE (Bundesamt für Energie), Schweizerische Elektrizitätsstatistik 2008, 4.6.2009. www.bfe.admin.ch/themen/00526/00541/00542/00630/index.html?lang=de&dossier_id=00765

BFE (Bundesamt für Energie), Die Energieperspektiven 2035 – Band 1. Synthese, 2007. www.bfe.admin.ch/php/modules/publikationen/stream.php?extlang=de&name=de_196077372.pdf

BFE (Bundesamt für Energie), «Potentiale zur energetischen Nutzung von Biomasse in der Schweiz», Dezember 2004. www.bfe.admin.ch/php/modules/enet/streamfile.php?file=000000009078.pdf&name=000000240180.pdf

BFE/BAFU/ARE, «Konzept Windenergie Schweiz, Grundlagen für die Standortwahl von Windparks», 2004. www.news.admin.ch/NSBSubscriber/message/attachments/18670.pdf

BFS (Bundesamt für Statistik), Tabellen T 9.2.1.1, T 9.4.3.1.1, T 11.3.5.1, T 11.3.2.1, T 11.3.2.2 und Haushaltbudgeterhebung 2007, T 20.02.01.01, T 20.02.01.06.01. www.bfs.admin.ch

BFS (Bundesamt für Statistik), «Transportrechnung. Jahr 2005», 2009. www.bfs.admin.ch/bfs/portal/de/index/news/publikationen.html?publicationID=3566

BFS (Bundesamt für Statistik), Güterverkehr auf Strasse und Schiene, November 2009. www.bfs.admin.ch/bfs/portal/de/index/themen/11/22/publ.Document.127052.pdf

BMU (Bundesministerium für Umwelt, Naturschutz und Reaktorsicherheit), «Entwicklung der erneuerbaren Energien in Deutschland im Jahr 2009», 18.10.2010, Daten des BMU zur Entwicklung der erneuerbaren Energien in Deutschland im Jahr 2009 (vorläufige Zahlen) auf der Grundlage der Angaben der Arbeitsgruppe Erneuerbare Energien-Statistik (AGEE-Stat). www.bmu.de/files/pdfs/allgemein/application/pdf/ee_in_deutschland_graf_tab_2009.pdf

«BP Statistical Review of World Energy 2010». www.bp.com/productlanding.do?categoryId=6929&contentId=7044622

Bundesrat, Botschaft über die Schweizer Klimapolitik nach 2012 (Revision des CO2-Gesetzes und eidgenössische Volksinitiative «Für ein gesundes Klima»), 26. 8. 2009. www.admin.ch/ch/d/ff/2009/7433.pdf

Chevalley, I., und Bonnard, P., «La pénurie programmée d'uranium condamne le nucléaire», Le Temps, 16. 6. 2008. www.letemps.ch/Page/Uuid/c4076514-aa1d-11dd-bf59-ad3d6140ad87/La_pénurie_à_venir_duranium_condamne_le_nucléaire und www.enromandie.net/isabelle.chevalley/la-proche-fin-de-l-uranium-annonce-la-fin-du-nucleaire

De Haan, P., Vortrag vor dem WWF, 5. 3. 2009

Desertec Foundation, «Clean Power from Deserts. The Desertec Concept for Energy, Water and Climate Security», Februar 2009. www.desertec.org/fileadmin/downloads/DESERTEC-WhiteBook_en_small.pdf

Eidgenössisches Departement für Umwelt, Verkehr, Energie und Kommunikation (UVEK), «Bericht zur Zukunft der nationalen Infrastrukturnetze in der Schweiz», November 2009 (Entwurf für die Anhörung). www.admin.ch/ch/d/gg/pc/documents/1876/Vorlage.pdf

Eidgenössisches Finanzdepartement, EFD eröffnet Anhörung über Steuerabzüge für Energiespar- und Umweltschutzmassnahmen, 4. 2. 2010. www.news.admin.ch/message/index.html?lang=de&msg-id=31506

Energie Trialog Schweiz, Energie-Strategie 2050. Impulse für die schweizerische Energiepolitik, 2009. www.energietrialog.ch/cm_data/Kurzfassung_D.pdf

Energy Watch Group / Ludwig-Bölkow-Stiftung, «Uranium Ressources and Nuclear Energy», Dezember 2006. www.energywatchgroup.org

Europäische Kommission, «The EU Climate and Energy Package», Zusammenfassung. ec.europa.eu/clima/policies/brief/eu/package_en.htm

Europäische Kommission, «Bürgerinfo. Das Klima- und Energiepaket der EU», Dezember 2008. ec.europa.eu/climateaction/docs/climate-energy_summary_de.pdf

Europäische Solarthermie-Technologieplattform, «Factsheet», Januar 2010. www.eupvplatform.org/fileadmin/Documents/FactSheets/English2010/WIP-SRA_2010-4-UK_def.pdf

European Commission Directorate – General for Energy and Transport, Directorate General for Research, «Concentrating Solar Power from Research to Implementation», 2007. ec.europa.eu/energy/res/publications/doc/2007_concertrating_solar_power_en.pdf

Fawer, M., und Magyar, B., «Solarwirtschaft – grüne Erholung in Sicht. Technologien, Märkte und Unternehmen im Vergleich», November 2009, Bank Sarasin

Fitze, U., Magazin «Umwelt» 02/2009 des Bundesamtes für Umwelt. www.bafu.
admin.ch/dokumentation/umwelt/08427/08451/index.html?lang=de

Foucart, S., «Le charbon liquéfié succédera-t-il au pétrole ?», Le Monde,
14.11.2009. thebestterminale.over-blog.com/article-le-charbon-liquefie-
succedera-t-il-au-petrole--39495984.html

Goudet, J.-L., «Bill Gates promeut le nucléaire pour les pauvres», Futura-Scien-
ces, 24.3.2010. www.futura-sciences.com/fr/news/t/technologie-1/d/bill-
gates-promeut-le-nucleaire-pour-les-pauvres_23139/

Graf, P.-A., CEO Swissgrid, Vortrag vor der Kommission für Umwelt, Raumplanung und Energie des Nationalrats, 19.4.2010

Greenpeace Frankreich, «Déchets nucléaires et rejets radioactifs», Informationsblatt, 2009. www.greenpeace.org/france/campagnes/nucleaire/fiches-thema-
tiques/dechets-nucleaires-et-rejets-r

Guzzella, L., «Technische Optionen für den Individualverkehr der Zukunft»,
2.4.2008. www.satw.ch/veranstaltungen/zurueckliegende/MV08_Vor-
trag_Guzzella

Häberlin, H., Berner Fachhochschule, Burgdorf, Mailwechsel 2010

Harrison, P., «Once-hidden EU-report reveals damage from biodiesel», Reuters
21.4.2010. www.reuters.com/article/idUSLDE63J1FP

Höök, M., et al., «Giant Oil Field Dicline Rates and Their Influence on World
Oil Production», Energy Policy, 2009, doi :10.1016/j.enpol.2009.02.020

IEA (Internationale Energieagentur) «IEA says outlook for oil and natural gas
markets still uncertain, but both share need for more investment, improved
energy efficiency and better data», Medienmitteilung vom 23.6.2010, Paris.
www.iea.org/press/pressdetail.asp?PRESS_REL_ID=394

IEA (Internationale Energieagentur) und OECD (Organisation für wirtschaftliche Entwicklung und Zusammenarbeit), «World Energy Outlook», Paris,
2008. www.iea.org

IG Windkraft, «Verdreifachung der Windstromproduktion bis 2020 möglich»,
Medienmitteilung 22.1.2009. igwindkraft.at/index.php?mdoc_id=1009978

ILO (International Labour Organization), World of Work Report 2008, Genf
2008. www.ilo.org/public/english/bureau/inst/download/world08.pdf

Infras/TNC, Oettli, B., und Nordmann, T., «Stromeffizienz und Erneuerbare
Energien, wirtschaftliche Alternative zu Grosskraftwerken», 2010, Zürich.
www.infras.ch/downloadpdf.php?filename=1860a_Schlussbericht_def.pdf

IPCC, Klimaänderung 2007: Synthesebericht, Genf 2007. www.ipcc.ch/pdf/
reports-nonUN-translations/deutch/IPCC2007-SYR-SPM-german.pdf

IPCC, 2007-WGIII : Contribution of Working Group III to the Fourth Assess-
ment Report of the Intergovernmental Panel on Climate Change, Metz,

B., Davidson, O. R., Bosch, P. R., Dave, R., Meyer, L. A. (eds.), Cambridge University Press, Cambridge, United Kingdom and New York NY, USA, 2007. www.ipcc.ch/publications_and_data/publications_ipcc_fourth_assessment_report_wg3_report_mitigation_of_climate_change.htm

Jacobson, M., und Delucchi, M., «Energies renouvelables, comment couvrir les besoins mondiaux en 2030», Pour la science, Nr. 386, Dezember 2009. www.pourlascience.fr/ewb_pages/f/fiche-article-nergies-renouvelables-comment-couvrir-les-besoins-mondiaux-en-2030a-23803.php

Kanton Zürich, Kantonales Förderprogramm 2010. www.awel.zh.ch/internet/baudirektion/awel/de/energie_radioaktive_abfaelle/subventionen_beratung.html

Kempf, H., Pour sauver la planète, sortez du capitalisme, Edition du Seuil, 2009

Krohn, S. (Hg.), Morthorst, P.-E., und Awerbuch, S., «The Economics of Wind Energy. A report by the European Wind Energy Association», 2009. www.ewea.org/fileadmin/ewea_documents/documents/publications/reports/Economics_of_Wind_Main_Report_FINAL-lr.pdf

La Revue durable, Nr. 31, November 2008

La Tribune, «Areva, plombé par l'EPR en Finlande, chute en Bourse», 1.9.2009 www.latribune.fr/bourse/20090831trib000416510/areva-plombe-par-l-epr-en-finlande-chute-en-bourse.html

Mayer, R., «Die nächste Preisexplosion kommt bestimmt», Tages-Anzeiger, 19.5.2009. www.tagesanzeiger.ch/wirtschaft/konjunktur/Die-naechste-Preisexplosion-kommt-bestimmt/story/18968131

Metron Verkehrsplanung AG, «Energieverbrauch der Mobilität», provisorische Berechnungen für das Bundesamt für Energie, 2009

Monbiot, G., «When will the oil run out?», The Guardian, 15.12.2008. www.guardian.co.uk/business/2008/dec/15/oil-peak-energy-iea

Neirynck, J., Mailwechsel 2009

Noualhat, L., «Nos déchets nucléaires sont cachés en Sibérie», Libération, 17.10.2009. www.liberation.fr/economie/0101596550-nos-dechets-nucleaires-sont-caches-en-siberie

Nowak, S., Gnos, S., und Gutschner, M., «Würdigung der Kernaussagen SET FOR 2020 Reports der EPIA/A.T. Kearney aus Schweizer Sicht», Bericht zuhanden der Swissolar, 2009. www.swissolar.ch/fileadmin/files/swissolar/medientexte/2009/SwissolarSet2020CH.pdf

OcCC (Beratendes Organ für Fragen der Klimaänderung des Bundes), Klimaänderung und die Schweiz 2050, Juni 2007. www.occc.ch/reports_d.html

Oerlikon Solar, Vortrag vor der Kommission für Umwelt, Raumplanung und Energie des Nationalrats, 1.9.2009

Orange, M., «Nucléaire: EDF avoue à son tour ses déboires avec l'EPR», Mediapart, 30.7.2010. www.mediapart.fr/journal/economie/300710/nucleaire-edf-avoue-son-tour-ses-deboires-avec-lepr

Ott, W., Econcept AG, Zürich, Jakob, M., Centre for Energy Policy and Economics (CEPE), ETHZ Zürich, «CO_2-Vermeidungskosten im Bereich der Gebäudeerneuerung in der Schweiz», 2008

Piccard, B., Solar Impulse, Mailwechsel 2010

Piller, G., «L'Inspection fédérale de la sécurité nucléaire (IFSN). Le rôle de l'IFSN» (IFSN = ENSI = Eidg. Nuklearsicherheitsinspektorat), Vortrag vor der Association romande de radioprotection, 29.10.2009 (Unterlagen nur auf Französisch vorhanden). www.arrad.ch/manifestations/manifestation_arrad_29102009/Piller.pdf

Poortmans, J., Sinke, W., «The Strategic Research Agenda of the European PV Technology Platform: Methodology», Contents and Lessons learned on behalf of PV Technology Platform WG3: Science Technology & Applications IEA Workshop, 16.5.2008, Paris. www.iea.org/work/2008/roadmap/3b_Poortmans_Roadmap_PV_paris160508.pdf

Rebetez, M., La Suisse se réchauffe, PPUR, Lausanne, 2006

Rechsteiner, R., «Schweiz erneuerbar», 2009. www.rechsteiner-basel.ch/uploads/media/ch_erneuerbar_final_0902_d.pdf

Regierungsrat des Kantons Zürich, «Energieplanungsbericht 2006»

Sachs, J.D., «L'attaque bidon sur la science du climat», Project Syndicate, 19.2.2010. www.project-syndicate.org/commentary/sachs163/French

Schindler, J., und Zittel, W., «Zukunft der weltweiten Erdölversorgung», Energy Watch Group / Ludwig-Bölkow-Stiftung, Mai 2008. www.energywatchgroup.org

Schweizerische Agentur für Energieeffizienz, «Elektrizitäts-Sparpotenziale Schweiz», 2007. www.energieeffizienz.ch/files/SAFE_Sparpotential_Strom_2005_JN.pdf

Schweizerische Eidgenossenschaft, Realkosten der Atomenergie. Bericht des Bundesrates in Beantwortung des Postulates 06.3714 Ory vom 14. Dezember 2006, Mai 2008. www.kernenergie.ch/upload/cms/user/Bericht_Postulat_Ory_Version_BR_061214.pdf

Solar Agentur Schweiz, Solarpreis 2008, Informationsblatt über das Haus in Riehen BS. www.solaragentur.ch/dokumente//Riehen_1.pdf

Solar Agentur Schweiz, Solarpreis 2008, Informationsblatt über das Haus in Staufen. www.solaragentur.ch/dokumente//MFH%20Staufen%2087%20weniger%20Energie.pdf

Sorane SA, «Conception énergétique du bâtiment de l'Office fédéral de la statistique» (undatiert). www.sorane.ch/ref_OFS.htm

Sovacool, B. K., «Valuing the Greenhouse Gas Emissions from Nuclear Power: A Critical Survey», Energy Policy 36 (2008) 2940-2953. www.nirs.org/climate/background/sovacool_nuclear_ghg.pdf

Steinberger, J., und Nordmann, R., «L'avenir énergétique et climatique, l'électricité solaire thermique et la Suisse», Le Temps, 12. 2. 2009. www.roger-nordmann.ch/articles/2009.02.12_letemps_steinberger-nordmann.html

«Stern Review: Der wirtschaftliche Aspekt des Klimawandels»
«Stern Review on the Economics of Climate Change», London, November 2006. webarchive.nationalarchives.gov.uk/+/http://www.hm-treasury.gov.uk/sternreview_index.htm

Stiftung Kostendeckende Einspeisevergütung (KEV), Frick. Geschäftsbericht 2009. www.stiftung-kev.ch/fileadmin/media/kev/kev_download/de/D100608_Geschaeftsbericht_Stiftung_KEV_2009.pdf

Storm van Leeuwen, W J., und Smith, P., «Nuclear Power, the Energy Balance. The CO_2-Emission of the Nuclear Life-Cycle», Februar 2008. www.stormsmith.nl

Suisse Eole, «Eole-Info», Nr. 16, März 2009. www.suisse-eole.ch/fileadmin/PDF/Eole-info/Deutsch/16-eole-info-d.pdf

Suisse Eole, Windenergie in der Schweiz – Zahlen und Fakten, 14. 12. 2010. www.suisse-eole.ch/uploads/media/Faktenblatt-Windenergie-141210.pdf

Šúri, M., Huld, T. A., Dunlop, E. D., Ossenbrink, H. A., (2007), «Potential of Solar Electricity Generation in the European Union Member States and Candidate Countries», Solar Energy, 81, 1295-1305, PVGIS © European Communities, 2001–2008. re.jrc.ec.europa.eu/pvgis

Swisselectric, «Versorgungssicherheit statt Stromlücke: Strombranche will 30 Mrd. Franken bis 2035 investieren», Medienmitteilung, 22. 3. 2007. www.swisselectric.ch/upload/cms/user/070322-medienmitteilunggeplanteinvestitionenbis2035.pdf

Totz, S., «AKW-Neubau in Finnland: Streit um Bautempo und Kosten», Greenpeace Deutschland, Hamburg, 1. 9. 2009. www.greenpeace.de/themen/atomkraft/nachrichten/artikel/akw_neubau_in_finnland_streit_um_bautempo_und_kosten

Transport & Environment, «Hidden Annex Calculates the Indirect Carbon Footprint of a Range of Biofuels», 20. 5. 2010. www.transportenvironment.org/News/2010/5/Hidden-annex-calculates-the-indirect-carbon-footprint-of-a-range-of-biofuels/

United Nations, Departement of Economic and Social Affairs, Population Division, «World Population Prospects: The 2008 Revision, Highlights», working paper No. ESA/P/WP.210, 2009. www.un.org/esa/population/unpop.htm

Universität Kopenhagen, «Synthesis Report. Climate Change. Global Risks, Challenges and Decisions», 2009. climatecongress.ku.dk/pdf/synthesisreport

U.S. Departement of Energy, «Reducing Water Consumption of Concentrating Solar Power Electricity Generation», report to Congress, 2009. www.nrel. gov/csp/pdfs/csp_water_study.pdf

VCS Verkehrs-Club der Schweiz, Auto-Umweltliste 2010. www.autoumweltliste. ch

Verband der Schweizerischen Gasindustrie, «Wärmekraft-Kopplung» (undatiertes Informationsblatt). www.erdgas.ch/de/anwendungen/stromproduktion/ waermekraft-kopplung.html

Verband der Schweizerischen Gasindustrie, «Jahresbilanz des Stromverbrauchs: 6 Mio. Tonnen CO_2», Medienmitteilung vom 25.8.2009, www.erdgas.ch/ de/medienstelle/medienmitteilungen/jahresbilanz-des-stromverbrauchs-6-mio-tonnen-co2.html

Versieux, N., «Alerte nucléaire au cœur de l'Allemagne», Le Temps, 29.6.2010. www.letemps.ch/Page/Uuid/d7599edc-82f4-11df-a8f1-43c1118606e9/ Alerte_nucléaire_au_cœur_de_lAllemagne

Wagner, H.-J., «Ganzheitliche Energie-bilanzen von Windkraftanlagen: Wie sauber sind die weissen Riesen?», Maschinenbau RUBIN, 2004. www.ruhr-uni-bochum.de/rubin/maschinenbau/pdf/beitrag1.pdf

Wegener, M., «Current and Future Land Use Models», Konferenzbeitrag 1st Land Use Model Conference, Dallas, Februar 1995. spiekermann-wegener. com/pub/pdf/MW_Dallas.pdf

Weinmann-Energies SA, «Comment assurer l'approvisionnement électrique de la Suisse ? Efficacité électrique, production renouvelable, nucléaire : comparaison des coûts», Oktober 2009. www.securiteenergetique.ch/etude_w.php

Wendezeit – Informationen zum Leben, «Pumpspeicherung: Pumpspeicherkraftwerke dienen nur dem Gewinn» (undatiert). www.wendezeit.ch/ pumpspeicherung-pumpspeicherkraftwerke-problematik-gewinn

WWEA (World Wind Energy Association), World Wind Energy Report 2009, März 2010. www.wwindea.org/home/images/stories/ worldwindenergyreport2009_s.pdf

Zah, R., Böni, H., Gauch, M., Hischier, R., Lehmann, M., und Wäger, P. (Empa), «Ökobilanz von Energieprodukten: Ökologische Bewertung von Biotreibstoffen», 22.5.2007. www.news.admin.ch/NSBSubscriber/message/ attachments/8514.pdf

Ziegler, M., und Bättig, R., «Wettbewerbsfaktoi Energie. Chancen für die
   Schweizer Wirtschaft», McKinsey & Co., 2010, im Auftrag des Bundesamtes für Energie. www.bfe.admin.ch/php/modules/enet/streamfile.
   php?file=000000010294.pdf&name=000000290118
Ziegler, M., und Bättig, R., «Swiss GhG Abatment Cost Curve», McKinsey,
   Zürich, Januar 2009. www.mckinsey.com/clientservice/ccsi/pdf/GHG_cost_
   curve_report_final.pdf

Websites

Association for the study of Peak Oil and Gas: www.aspo.ch

BP, Historical Data: www.bp.com/productlanding.do?categoryId=6929&conten
tId=7044622

European Photovoltaic Industry Association: www.epia.org

Gebäudeenergieausweis der Kantone: www.geak.ch

Internetsite zur Umrechnung von Einheiten: de.unitjuggler.com

Kernenergie: www.kernenergie.ch/de/atomstrom-wirtschaft.html

Konferenz der kantonalen Energiedirektoren: www.endk.ch

Präsentation des Gebäudes der Eidgenössischen Anstalt für Wasserversorgung,
Abwasserreinigung und Gewässerschutz in Dübendorf: www.forumchries-
bach.eawag.ch/

Stiftung Desertec: www.desertec.org

Swissgrid AG: www.swissgrid.ch

Swissolar, Schweizerischer Fachverband für Sonnenenergie: www.swissolar.ch

Toptest GmbH: www.topten.ch/deutsch/ratgeber/ratgeber_e-bikes.html&fromid

U.S. Energy Information Administration. Unabhängige Statistiken und Analysen
(www.eia.gov):

    www.eia.doe.gov/emeu/cabs/AOMC/images/chron_2008.xls

    www.eia.doe.gov/emeu/steo/realprices

    www.eia.doe.gov/emeu/international/electricitygeneration.html

    www.eia.doe.gov/pub/international/iealf/tablee1g.xls

    www.eia.doe.gov/emeu/international/contents.html

Verein Minergie: www.minergie.ch

Wikipedia, Online-Enzyklopädie (bei der Redaktion des Buches wurde der entsprechende französischsprachige Wikipedia-Artikel benutzt):

    de.wikipedia.org/wiki/Strahlungshaushalt_der_Erde

    de.wikipedia.org/wiki/Katastrophe_von_Tschernobyl

    de.wikipedia.org/wiki/Sonnenenergie

    de.wikipedia.org/wiki/Sonnenwärmekraftwerk

    de.wikipedia.org/wiki/Ölsand

    de.wikipedia.org/wiki/Strahlenkrankheit

World Wind Energy Association: www.wwindea.org